世纪英才中职项目教学系列规划教材（机电类专业）

铣工基本功

王庆海　王　兵　主　编

曾　艳　汪丽华　副主编

人民邮电出版社

北　京

图书在版编目（CIP）数据

铣工基本功 / 王庆海，王兵主编. -- 北京：人民
邮电出版社，2011.8
世纪英才中职项目教学系列规划教材. 机电类专业
ISBN 978-7-115-25315-6

Ⅰ. ①铣… Ⅱ. ①王… ②王… Ⅲ. ①铣削—中等专
业学校—教材 Ⅳ. ①TG54

中国版本图书馆CIP数据核字(2011)第086984号

内 容 提 要

本书主要内容有：铣床的基本操作，平面和连接面的铣削，台阶、沟槽的铣削和切断，外花键和离合
器的铣削，圆柱齿轮的铣削。本书着重培养学生的动手能力和创新能力，突出了融理论知识于生产实际的
课程改革要求。本书图文并茂，通俗易懂，内容精炼实用，通用性强，在众多铣工技术教材中独具特色，
是广大铣工技术爱好者入门的良师益友。

本书既可作为中等职业学校机电类专业的教材，也可作为铣削加工的培训教材，还可作为中等职业教
育的学生用书和教师参考书及相关工程技术人员的自学用书。

世纪英才中职项目教学系列规划教材（机电类专业）
铣工基本功

◆ 主　编　王庆海　王　兵
　　副主编　曾　艳　汪丽华
　　责任编辑　丁金炎
　　执行编辑　郝彩红
◆ 人民邮电出版社出版发行　　北京市崇文区夕照寺街 14 号
　　邮编　100061　　电子邮件　315@ptpress.com.cn
　　网址　http://www.ptpress.com.cn
　　北京昌平百善印刷厂印刷
◆ 开本：787×1092　1/16
　　印张：10.25
　　字数：253 千字　　　　　　　　2011 年 8 月第 1 版
　　印数：1 - 3 000 册　　　　　　 2011 年 8 月北京第 1 次印刷

ISBN 978-7-115-25315-6

定价：21.00 元

读者服务热线：(010)67132746　印装质量热线：(010)67129223
反盗版热线：(010)67171154
广告经营许可证：京崇工商广字第 0021 号

世纪英才中职项目教学系列规划教材

编 委 会

丛 书 前 言

2008 年 12 月 13 日，教育部"关于进一步深化中等职业教育教学改革的若干意见"【教职成〔2008〕8 号】指出：中等职业教育要进一步改革教学内容、教学方法，增强学生就业能力；要积极推进多种模式的课程改革，努力形成就业导向的课程体系；要高度重视实践和实训教学环节，突出"做中学、做中教"的职业教育教学特色。教育部对当前中等职业教育提出了明确的要求，鉴于沿袭已久的"应试式"教学方法不适应当前的教学现状，为响应教育部的号召，一股求新、求变、求实的教学改革浪潮正在各中职学校内蓬勃展开。

所谓的"项目教学"就是师生通过共同实施一个完整的"项目"而进行的教学活动，是目前国家教育主管部门推崇的一种先进的教学模式。"世纪英才中职项目教学系列规划教材"丛书编委会认真学习了国家教育部关于进一步深化中等职业教育教学改革的若干意见，组织了一些在教学一线具有丰富实践经验的骨干教师，以国内外一些先进的教学理念为指导，开发了本系列教材，其主要特点如下。

（1）新编教材摒弃了传统的以知识传授为主线的知识架构，它以项目为载体，以任务来推动，依托具体的工作项目和任务将有关专业课程的内涵逐次展开。

（2）在"项目教学"教学环节的设计中，教材力求真正地去体现教师为主导、学生为主体的教学理念，注意到要培养学生的学习兴趣，并以"成就感"来激发学生的学习潜能。

（3）本系列教材内容明确定位于"基本功"的学习目标，既符合国家对中等职业教育培养目标的定位，也符合当前中职学生学习与就业的实际状况。

（4）教材表述形式新颖、生动。本系列教材在封面设计、版式设计、内容表现等方面，针对中职学生的特点，都做了精心设计，力求激发学生的学习兴趣，书中多采用图表结合的版面形式，力求学习直观明了；多采用实物图形来讲解，力求形象具体。

综上所述，本系列教材是在深入理解国家有关中等职业教育教学改革精神的基础上，借鉴国外职业教育经验，结合我国中等职业教育现状，尊重教学规律，务实创新探索，开发的一套具有鲜明改革意识、创新意识、求实意识的系列教材。其新（新思想、新技术、新面貌）、实（贴近实际、体现应用）、简（文字简洁、风格明快）的编写风格令人耳目一新。

如果您对本系列教材有什么意见和建议，或者您也愿意参与到本系列教材中其他专业课教材的编写，可以发邮件至 wuhan@ptpress.com.cn 与我们联系，也可以进入本系列教材的服务网站 www.ycbook.com.cn 留言。

丛书编委会

前 言

Foreword

进行职业技能培训是提高劳动者知识与技能水平、增强劳动者就业能力的有效措施。随着社会主义市场经济的发展，国内对人才市场的供需结构发生了深刻的变化，传统的铣削加工手段也揉合了现代化信息技术、自动化技术等新成果，呈现出数据化、高速化等特点。但我国机械加工技术工人极其缺乏，不能满足制造业做大做强的形势要求。因此，培养具备基本操作技能的技术工人成为制造业发展的当务之急。

本书是依据《国家职业标准》初级铣工的知识要求和技能要求，以项目的形式，按岗位培训需要原则编写的。主要内容有：铣床的基本操作，平面和连接面的铣削，台阶、沟槽的铣削和切断，外花键和离合器的铣削、圆柱齿轮的铣削。本书着重培养学生的动手能力和创新能力，突出了"融理论知识于生产实际"的课程改革要求。

本书在编写中具有以下的职业特点。

（1）以能力为本位，准确定位目标。

结合中等职业学校"双证制"和学生认知能力的需要，运用简洁的语言，让学生看得明白，易学，容易掌握。

（2）以工作岗位为依据，构建教材体系。

实现专业教材与工作岗位的有机对接，变学科式学习为设计岗位式学习环境，增强了教材的适用性，使教材的使用更加方便、灵活。

（3）以工作任务为线索，组织教材内容。

以一个个工作任务整合相应的知识、技能，实现理论与实践的统一，同时摒弃了繁、难、旧等理论知识，进一步加强了技能方面的训练。

（4）以典型零件为载体，体现行业发展。

大量引入典型产品的生产过程，使教材反映新技术在行业中的应用。另外，采用最新的国家标准，充实新知识、新技术、新工艺和新方法等方面，力求反映机械行业发展的现状与趋势。

本书由河南机电学校的王庆海、荆州市高级技工学校的王兵任主编，荆州市劳动中等专业学校的曾艳、黄石职业技术学院的汪丽华任副主编。全书由王庆海统稿。

由于编者水平有限，书中不妥之处在所难免，敬请广大读者批评指正。

编　者

目 录

Contents

项目一　铣床的基本操作

　　同学们，大家见过铣床吗？在机加工车间中，铣床是一种常见的机加工设备。它的用途非常广泛，在铣床上可以加工平面（水平面、垂直面）、沟槽（键槽、T形槽、燕尾槽等）、分齿零件（齿轮、花键轴、链轮等）、螺旋形表面（螺纹、螺旋槽）及各种曲面。此外，还可用于对回转体表面、内孔加工及进行切断工作等。如图 1-1 所示，首先映入我们眼帘就是一台立式铣床。那么，什么是铣床？铣床与其他机加工设备（如车床）的区别怎样？其基本操作是什么？

图 1-1　机加工车间一角

（1）技能目标

① 通过模仿练习，掌握 X6132 型卧式万能铣床的基本操作方法。

② 能根据加工内容选用合适的铣刀并正确安装。

③ 能正确安装通用夹具，合理规范使用工、量具。

④ 能正确调整立铣头和工作台"零位"，误差范围控制在 0.05mm 以内。

⑤ 掌握铣床一级维护保养的内容和方法。

（2）知识目标

① 了解铣床的分类方法及理解常用铣床的型号含义。

② 了解铣刀的几何角度定义和作用并合理选用铣刀材料。

③ 了解铣削基本运动，合理选用切削用量；掌握主轴转速和进给速度的计算方法。

④ 了解切削液的分类及作用并合理选用。

⑤ 树立"安全第一、文明生产"意识。

项目基本功

1.1　项目基本技能

任务一　铣床的基本操作

这里以 X6132 型卧式万能铣床为例，介绍铣床各个操作位置及方法。X6132 型卧式万能铣床操作位置如图 1-2 所示。

1. 机床电器部分操作

（1）电源转换开关

电源转换开关 17 在床身左侧下部，操作机床时，先将转换开关顺时针方向转换至接通位置；操作结束时，逆时针方向转换至断开位置。

（2）主轴换向转换开关

主轴换向转换开关 16 在电源转换开关右边，处于中间位置时主轴停止，将换向开关顺时针方向转换至右转位置时，主轴右向旋转；逆时针方向转换至左转位置时，则主轴左向旋转。

（3）冷却泵转换开关

冷却泵转换开关 4 在床身右侧下部，操作中使用切削液时，将冷却泵转换开关转换至接通位置。

（4）圆工作台转换开关

圆工作台转换开关 5 在冷却泵转换开关右边。在铣床上安装和使用机动回转工作台时，将转换开关转换至接通位置。一般情况放在停止位置，否则机动进给全部停止。

（5）主轴及工作台启动按钮

主轴及工作台启动按钮 13、20 在床身左侧中部及横向工作台右上方，两边为连动按钮。启动时，用手指按动按钮，主轴或工作台丝杠即启动。

（6）主轴及工作台停止按钮

主轴及工作台停止按钮 14、19 在启动按钮右面，要使主轴停止转动时，按动按钮，主轴或工作台丝杠即停止转动。

（7）工作台快速移动按钮

工作台快速移动按钮 15、21 在启动、停止按钮上方及横向工作台右上方左边一个按钮，要使工作台快速移动时；先开动进给手柄，再按住按钮，工作台即按原运动方向作快速移动；放开快速按钮，快速进给立即停止，仍以原进给速度继续进给。

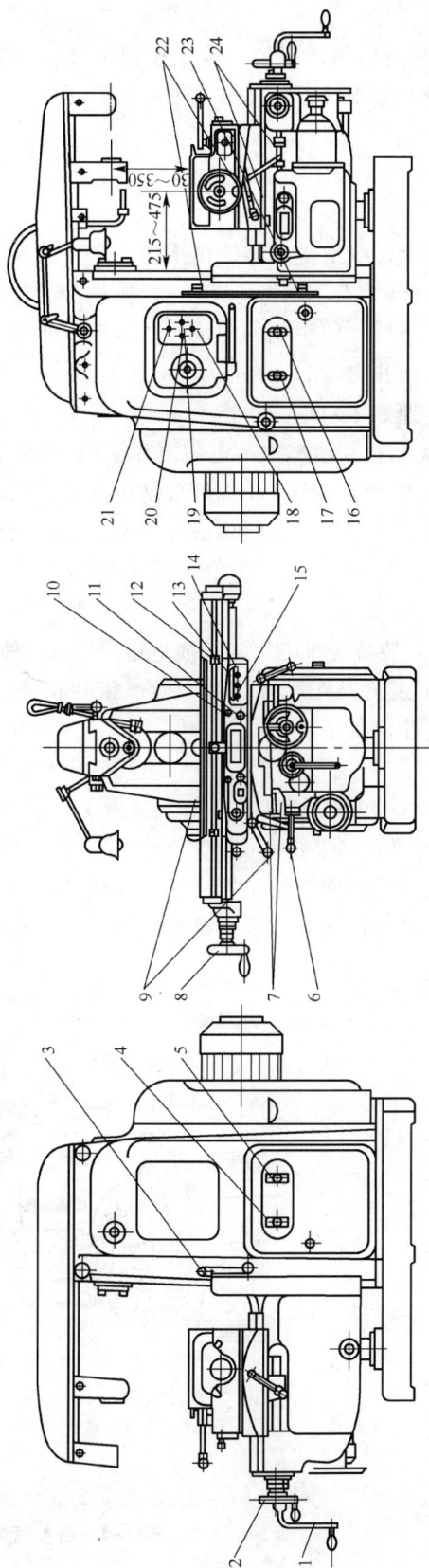

1—工作台垂向手动进给手柄；2—工作台横向手动进给手柄；3—垂向工作台紧固手柄；4—冷却泵转换开关；5—圆工作台转换开关；6—工作台横向及垂向机动进给手柄；7—横向工作台紧固手柄；8—工作台纵向机动进给手柄；9—工作台纵向手动进给手柄；10—纵向工作台紧固螺钉；11—回转盘紧固螺钉；12—纵向机动进给停止挡铁；13、20—主轴及工作台停止按钮；14、19—主轴及工作台启动按钮；15、21—工作台快速移动按钮；16—主轴换向转换开关；17—电源转换开关；18—主轴上刀制动开关；22—纵向机动进给停止挡铁；23—手动油泵手柄；24—横向机动进给停止挡铁

图1-2　X6132型卧式万能铣床操作位置

（8） 主轴上刀制动开关

主轴上刀制动开关 18 在床身左侧中部，启动、停止按钮下方，当上刀或换刀时，先将转换开关转换到接通位置，然后再上刀或换刀，此时主轴不旋转；上刀完毕，再将转换开关转换到断开位置。

2. 主轴、 进给变速操作

（1） 主轴变速操作

主轴变速箱装在床身左侧窗口上，变换主轴转速由手柄 3 和转数盘 2 来实现，如图 1-3 所示。主轴转速范围为 30 ~ 1500r/min，有 18 种。变速时的操作步骤如下。

① 手握变速手柄 3，把手柄向下压，使手柄的榫块自固定环 4 的槽 I 中脱出，再将手柄外拉，使手柄的榫块落入固定环的柄 II 内。

② 转动转数盘 2，把所需的转速数字对准指示箭头 1。

③ 把手柄 3 向下压后推回原来位置，使榫块落进固定环槽 I，并使之嵌入槽中。

变速时，扳动手柄时要求推动速度快一些，在接近最终位置时，推动速度减慢，以利于齿轮啮合。变速时若发现齿轮相碰声，应待主轴停稳后再变速，为了避免损坏齿轮，主轴转动时严禁变速。

（2） 进给变速操作

进给变速箱是一个独立部件，装在垂向工作台的左边，有 18 种进给速度，范围为 23.5 ~ 1180mm/min。速度的变换由进给操作箱来控制，操作箱装在进给变速箱的前面，如图 1-4 所示。变换进给速度的操作步骤如下。

① 双手把蘑菇形手柄 1 向外拉出。

② 转动手柄，把转数盘 2 上所需的进给速度对准指示箭头 3。

③ 将蘑菇形手柄 1 再推回原始位置。

变换进给速度时，如发现手柄无法推回原始位置时，可再转动转数盘或将机动进给手柄开动一下。允许在机床开动情况下进行进给变速，但机动进给时，不允许变换进给速度。

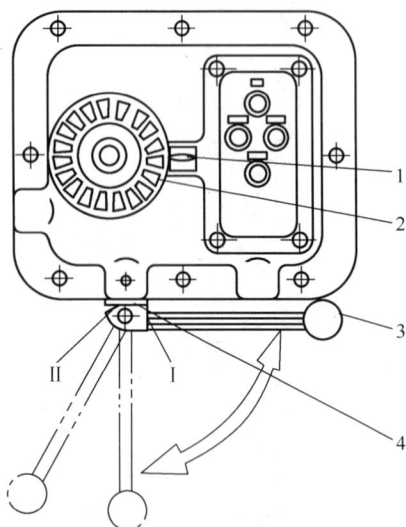

1—指示箭头；2—转数盘；3—手柄；4—固定环
图 1-3 主轴变速操作

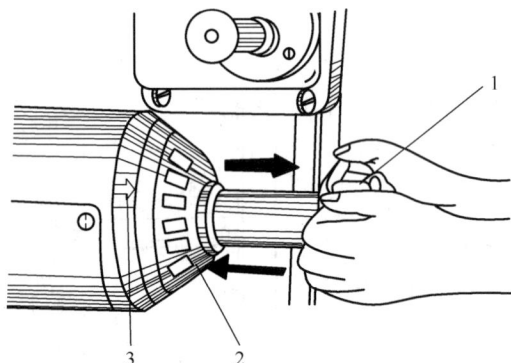

1—蘑菇形手柄；2—转数盘；3—指示箭头
图 1-4 进给变速操作

3. 工作台进给操作

（1）工作台手动进给操作

① 纵向手动进给

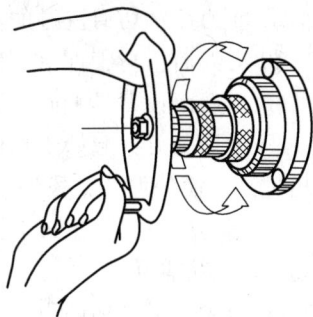

工作台纵向手动进给手柄8在工作台左端，如图1-2所示。当手动进给时，将手柄与纵向丝杠接通，右手握住手柄并略加力向里推，左手扶轮子作旋转摇动，如图1-5所示。摇动时速度要均匀适当，顺时针摇动时，工作台向右移动作进给运动，反之则向左移动。纵向刻度盘圆周刻线120格，每摇一转，工作台移动6mm，每摇一格，工作台移动0.05mm。

图1-5　纵向手动进给

② 横向手动进给

工作台横向手动进给手柄2在垂向工作台前面，如图1-2所示。手动进给时，将手柄与横向丝杆接通，右手握手柄，左手扶轮子作旋转摇动，顺时针方向摇动时，工作台向前移动，反之向后移动。每摇一转，工作台移动6mm，每摇动一格，工作台移动0.05mm。

③ 垂向手动进给

工作台垂向手动进给手柄1在垂向工作台前面左侧，如图1-2所示。手动进给时，使手柄离合器接通，双手握住手柄，顺时针方向摇动时，工作台向上移动，反之向下移动。垂向刻度盘上刻有40格，每摇一转时，工作台移动2mm，每摇动一格，工作台移动0.05mm。

（2）工作台机动进给操作

① 纵向机动进给

工作台纵向机动进给手柄9为复式，如图1-2所示。手柄有3个位置，即向右、向左及停止。当手柄向右扳动时，工作台向右进给，中间为停止位置；手柄向左扳动时，工作台向左进给，如图1-6所示。

② 横向、垂向机动进给

工作台横向及垂向机动进给手柄6为复式，如图1-2所示。手柄有5个位置，即向上、向下、向前、向后及停止。当手柄向上扳时，工作台向上进给，反之向下；当手柄向前扳时，工作台向里进给，反之向外；当手柄处于中间位置，进给停止，如图1-7所示。

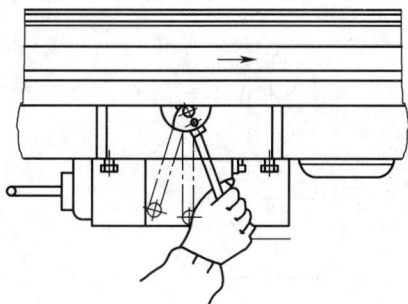

图1-6　工作台纵向机动进给

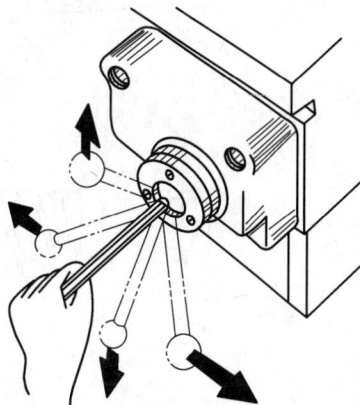

图1-7　工作台横向、垂向机动进给

任务二　常用铣刀的选用及安装

1. 铣刀基本几何角度

（1）铣刀的几何形状

铣刀的组成如图1-8所示，它可以分成以下几个部分。

① 前刀面：切屑流过的表面。

② 后刀面：与工件上切削中产生的表面相对的表面。

③ 副后面：刀具上同前刀面相交形成副切削刃的表面。

④ 主切削刃：起始于切削刃上主偏角为零的点，并至少有一段切削刃被用来在工件上切出过渡表面的那个整段切削刃。

⑤ 副切削刃：切削刃上除主切削刃以外的刃，也起始于主偏角为零的点，但它向背离主切削刃的方向延伸。

⑥ 刀尖：指主切削刃与副切削刃的连接处相当少的一部分切削刃。

（2）铣刀的几何角度

要正确确定和测量铣刀几何角度，需要两个角度测量基准的坐标平面，也就是基面和切削平面。基面是过切削刃上选定点的平面，它平行或垂直于刀具在制造、刃磨及测量时适合于安装或定位的一个平面或轴线，其方位垂直于假定的主运动方向，一般包含铣刀轴线的平面。切削平面是通过切削刃上选定点与切削刃相切并垂直于基面的平面，一般与铣刀的外圆柱（圆锥）相切。主切削刃上的为主切削平面，副切削刃上的为副切削平面。铣刀的主要几何角度是各个刀面或切削刃与坐标平面之间的夹角。铣刀的主要几何角度如下（如图1-9所示）。

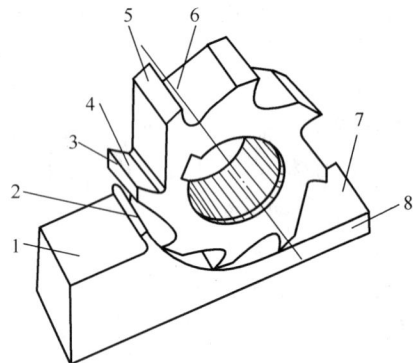

1—待加工表面；2—切屑；3—主切削刃；4—前刀面；
5—主后刀面；6—铣刀棱；7—已加工表面；8—工件

图1-8 铣刀的组成部分

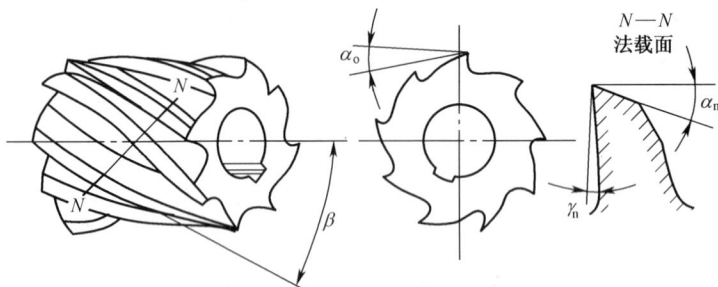

（a）螺旋齿圆柱铣刀的角度

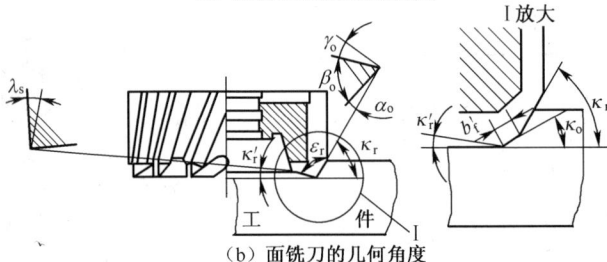

（b）面铣刀的几何角度

图1-9 铣刀的几何角度

① 前角 γ_o：前面与基面之间的夹角，在垂直于基面和切削平面的正交平面内测量。

② 后角 α_o：后面与切削平面之间的夹角，在正交平面中测量。

③ 刃倾角 λ_s 和螺旋角 β：面铣刀的刃倾角和圆柱铣刀的螺旋角是主切削刃与基面间的夹角，在主切削平面内测量。

④ 主偏角 κ_r：主切削平面与平行于进给方向的假定工作平面间的夹角，在基面中测量。

⑤ 副偏角 κ_r'：副切削平面与假定工作平面之间的夹角，在基面中测量。

（3）铣刀角度的作用和选择原则

① 前角 γ_o。

前角如能合理增大，则可使切屑变形减小，切削轻快，有利于降低切削力和提高加工精度；但前角太大，会使刀尖强度降低，刀具耐用度减小，甚至崩刀。

② 后角 α_o。

后角可减少刀具后面与工件加工表面之间的摩擦。后角大，摩擦减小，铣刀磨损降低，但过大时，就会削弱刀尖强度和影响散热。一般粗加工时，切屑厚度大，要保证刀尖强度，可取较小后角；精加工时切屑厚度较小，为减少工件粗糙度，可取较大后角，同时还应根据刀具材料、工件材料选择合理的后角。

2. 铣刀切削部分材料

（1）刀具切削部分材料的基本要求

① 高硬度：常温硬度应高于 62~65HRC。

② 高强度：足以防止切削过程中刀具断裂和崩刀。

③ 高耐热性：高温下有保持硬度、耐磨、强度、韧性的能力，即有好的红硬性。高速钢为 600~700℃，硬质合金为 800~1000℃。

④ 高耐磨性：具有抵抗磨损的能力。

⑤ 良好工艺性：为了制造，要有较好的可加工性。

（2）铣刀切削部分的常用材料

① 高速钢

高速钢是高速工具钢的简称，俗称锋钢。它是以钨（W）、铬（Cr）、钒（V）、钼（Mo）、钴（Co）为主要元素的高合金工具钢。其淬火硬度为 62~70HRC；在 600℃ 高温下，其硬度仍能保持在 47~55HRC，具有较好的切削性能。故高速钢允许的最高温度为 600℃，切削钢材的切削速度一般在 35m/min 以下。

高速钢具有较高的强度和韧性，能磨出锋利的刃口，并具有良好的工艺性，是制造铣刀的良好材料。

W18Cr4V 是钨系高速钢，是制造铣刀最常用的材料。常用的通用高速钢材料还有 W6Mo5Cr4V2 和 W14Cr4MnRe 等。特殊用途的高速钢，如含钴高速钢 W6Mo5Cr4V2Co8，还有超硬型的高速钢 W9Mo3Cr4V3Co10 等，适用于加工特殊材料。

② 硬质合金

硬质合金是由高硬度、难熔的金属碳化物（如 WC 和 TiC 等）和金属粘接剂（以 Co 为主）用粉末冶金方法制成的。其硬度可达 72~82HRC，允许的最高工件温度可达 1000℃。硬质合金的抗弯强度和冲击韧性均比高速钢差，刃口不易磨得锐利，因此其工艺性比高速钢差。

硬质合金可分为 3 大类，其代号分别是 P（钨钛钴类，牌号为 YT）、K（钨钴类，牌号为 YG）和 M（通用硬质合金类）。

③ 涂层刀具材料及超硬材料

涂层刀具材料主要是 TiC、TiN、TiC-TiN（复合）和陶瓷等，这些材料都具有高硬度、高耐磨性和很好的高温硬度等特性。把涂层材料涂在高速钢和韧性较好的硬质合金上，厚度虽仅几微米，但能使高速钢刀具的寿命延长 2~10 倍，硬质合金的寿命延长 1~3 倍。目前较先进的涂层刀具，为了综合各种涂层材料的优点，常采用复合涂层，如 TiC-TiN 和 Al_2O_3-

TiC 等。目前涂层高速钢刀具，在成形铣刀和齿轮铣刀上的应用已较广泛。

超硬刀具材料有天然金刚石、聚晶人造金刚石和聚晶立方氮化硼等。超硬刀具材料可切削极硬材料，而且能保持长时间的尺寸稳定性。同时刀具刃口极锋利，摩擦系数也很小，适合超精加工。超硬刀具材料可烧结在硬质合金表面，做成复合刀片。

3. 铣刀的标记

铣刀形状复杂，种类较多，为了便于辨别铣刀的规格和性能，铣刀上都刻有标记。铣刀标记一般包括：制造厂的商标、制造铣刀的材料、铣刀的基本尺寸。

圆柱铣刀、三面刃铣刀和锯片铣刀一般标记为：外圆直径×宽度（长度）×内孔直径。如三面刃铣刀上标记为："$100 \times 16 \times 32$"，则表示该三面刃铣刀的外圆直径为 100mm，宽度为 16mm，内孔直径为 32mm。

立铣刀、带柄面铣刀和键槽铣刀一般只标注刀具直径。如锥柄立铣刀上标记为 ϕ18mm，则表示该立铣刀的外圆直径是 18mm。

半圆铣刀和角度铣刀一般标记为：外圆直径×宽度×内孔直径×角度（或半径）。如角度铣刀上标记是："$60 \times 16 \times 22 \times 55°$"，则表示该角度铣刀的外圆直径是 60mm，厚度是 16mm，内孔直径是 22mm，角度是 55°。

4. 圆柱铣刀的安装

（1）安装铣刀杆

铣刀长刀杆的结构如图 1-10 所示。刀杆的安装步骤如下。

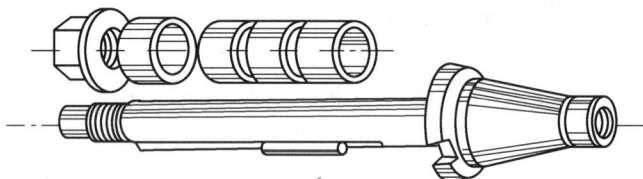

图 1-10　铣刀长刀杆

① 擦干净铣床主轴锥孔和铣刀杆锥柄。

② 将铣刀杆锥柄装入锥孔，凸缘上的缺口对准主轴端面键块。

③ 用右手托住铣刀杆，左手将拉紧螺杆旋入铣刀杆锥柄端部的内螺纹。

④ 用扳手紧固拉紧螺杆上的螺母。

（2）调整横梁

① 松开横梁左侧的两个紧固螺母。

② 转动中间带齿轮的六角轴，调整横梁外伸到适当的位置，约比刀杆长一些，以便安装挂架。

③ 紧固横梁左侧的两个螺母。

（3）安装圆柱铣刀

① 擦干净铣刀和轴套（垫圈）的两端面。

② 铣刀安装位置尽可能靠近主轴，铣刀和刀杆之间最好用平键连接。

③ 装入轴套，旋入紧固螺母，轴套的组合长度应使刀杆紧固螺母能夹紧铣刀。

（4）安装挂架及紧固刀杆螺母

① 松开挂架紧固螺母和轴承间隙调节螺母，将挂架装入横梁，并使轴承套入刀杆支持轴颈，与刀杆螺纹有一定的间距。

② 紧固挂架，调节支承轴承间隙。

③ 紧固刀杆螺母。

（5）拆卸铣刀和刀杆

拆卸铣刀和刀杆的过程大致是上述过程的反向操作，在拆卸刀杆时，松开刀杆拉紧螺杆螺母后，须用锤子敲击螺杆的端部，使刀杆的锥柄与主轴内锥孔贴合面脱开，然后旋出拉紧螺杆，取下铣刀杆。

5. 套式面铣刀的安装

套式面铣刀一般选用凸缘端面上带有键的刀杆，如图 1-11 所示。其安装和拆卸步骤如下。

① 擦干净铣床主轴锥孔和刀杆 1 锥柄部分。

② 将铣刀杆锥柄装入锥孔，凸缘连接圈上的缺口对准主轴端面键块后，用拉紧螺杆紧固刀杆。

③ 装上凸缘连接圈 2，并使连接圈上的键对准刀杆 1 上的槽。

④ 安装铣刀 3，将铣刀端面及孔径擦净，使铣刀端面上的槽对准凸缘连接圈上的键，然后旋入螺钉 4，用十字扳手扳紧。

⑤ 套式面铣刀拆卸时，先松开螺钉 4，然后依次拆下铣刀、凸缘连接圈、刀杆。拆卸和安装时都必须注意安全操作，以免被锋利的刀尖刀刃划伤。特别是在用十字扳手扳紧螺钉 4 时，应注意自我保护。

⑥ 安装铣刀后，注意检查立铣头与工作台的垂直度。

6. 可转位铣刀的安装

可转位铣刀如图 1-12 所示，安装刀体的方法与安装刀杆的方法相同。铣刀刀片的定位夹紧方式很多，这里采用楔块在刀片前面的螺栓楔块夹紧结构。

刀片安装（如图 1-13 所示）的步骤如下。

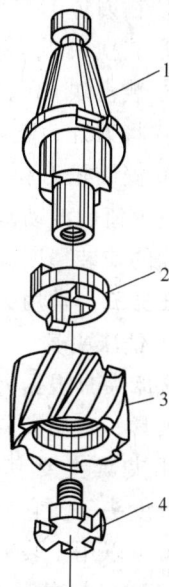

1—刀杆；2—凸缘连接圈；
3—铣刀；4—螺钉

图 1-11　套式面铣刀的安装

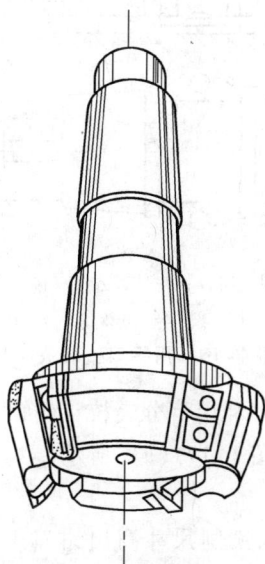

图 1-12　可转位铣刀

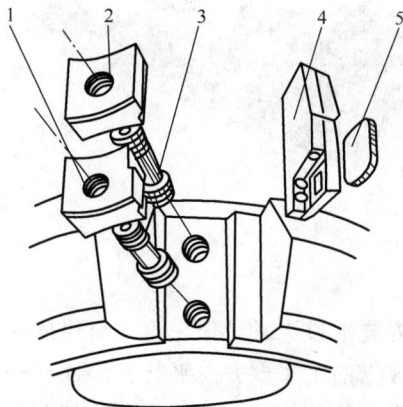

1、2—楔块；3—螺钉；4—刀垫；5—刀片

图 1-13　可转位面铣刀的安装

① 在刀体上装刀垫4，使刀垫紧贴刀体槽侧面。

② 装楔块2，将螺钉3旋入螺孔内，用内六角扳手扳紧，使刀垫与刀体槽侧面压紧。

③ 装楔块1，将螺钉3旋入螺孔内。

④ 将刀片5装入刀垫，使其与两定位面接触，然后用内六角扳手扳紧。

⑤ 安装铣刀和刀片后，应检查刀片的安装精度。检查时，可用百分表测量各刀片最低点的显示值的波动范围，也可以试铣一个平面，然后观测刀片最低点与试切平面的间隙来判断刀片的安装精度。此外，为达到平面度要求，注意检查立铣头与工作台面的垂直度。

任务三　常用夹具、工具及使用

1. 铣床夹具

铣床夹具根据夹具的应用范围可分为通用夹具、专用夹具、组合夹具等。铣床的通用夹具主要有平口虎钳、回转工作台、分度头等。它们一般无需调整或稍加调整就可以用于装夹不同工件。

（1）机用虎钳

机用虎钳立体图如图1-14所示。

形状比较规则的零件铣削时常用平口钳装夹（如图1-15所示）。用平口钳装夹工件方便灵活，适应性广（如图1-16所示）。当加工精度要求较高、需要较大的夹紧力时，可采用较高精度的机械式或液压式平口钳。

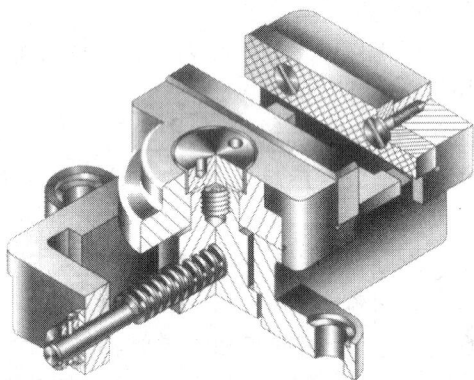

图1-14　机用虎钳立体图

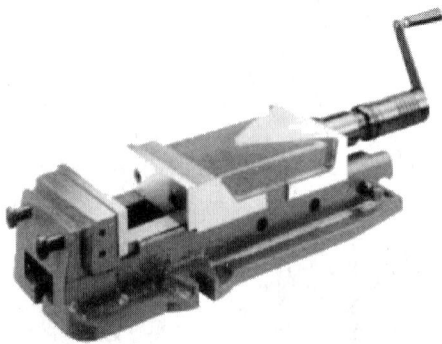

图1-15　平口钳

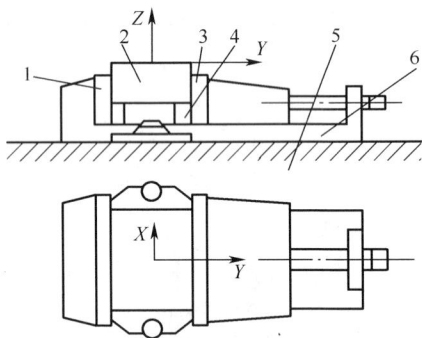

1—固定钳口；2—工件；3—移动钳口；
4—平行块；5—工作台；6—滑台

图1-16　用平口钳装夹工件

安装平口钳时必须先将平口钳底面和工作台面擦干净，利用百分表校正钳口，使钳口与横向或纵向工作台方向平行，以保证铣削的加工精度，如图1-17（a）所示。

在工件装夹时，需注意以下问题。

① 工件应当紧固在钳口比较中间的位置，装夹高度以铣削尺寸高出钳口平面3～5mm为宜。用平口钳装夹表面粗糙度较大的工件时，应在两钳口与工件表面之间垫一层铜皮，以免损坏钳口，并能增加接触面。

② 工件被加工部分要高出钳口，避免刀具与钳口发生干涉。平口钳安装好后，把工件放入钳口内，并在工件的下面垫上比工件窄、厚度适当且要求较高的平行垫块，然后把工件夹紧。为了使工件紧密地靠在垫块上，应用铜锤或木榔头轻轻的敲击工件，直到用手不能轻易推动平行垫块时，再将工件夹紧在平口钳内，如图1-17（b）所示。

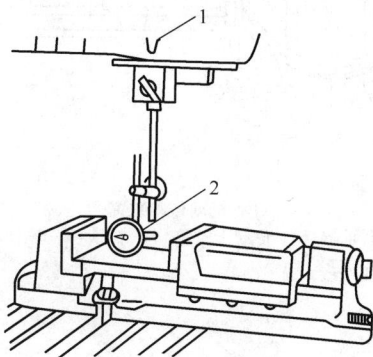

1—主轴头；2—百分表
（a）机用平口钳的校正

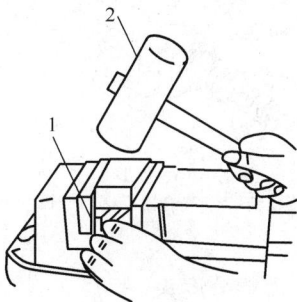

1—平行垫块；2—木榔头
（b）工件的安装

图 1-17　平口钳的使用

图1-18所示为使用机用平口钳装夹工件的几种情况。

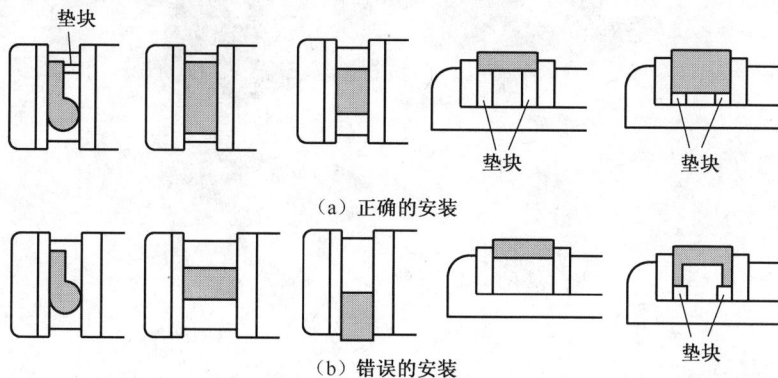

（a）正确的安装

（b）错误的安装

图 1-18　机用平口钳的使用

（2）回转工作台

回转工作台又称圆转台，其主要作用是铣圆弧曲线外形和沟槽、平面螺旋槽（面）和分度。常用的有立轴式手动回转工作台（如图1-19所示）和机动回转工作台（如图1-20所示）。

手动回转工作台在对工件作直线部分加工时，可扳紧手柄1，使转台锁紧后进行切削。如松开内六角螺钉2，拔出偏心销3插入另一条槽内，使蜗轮蜗杆脱开，此时可直接用手推动转台旋转至所需位置。

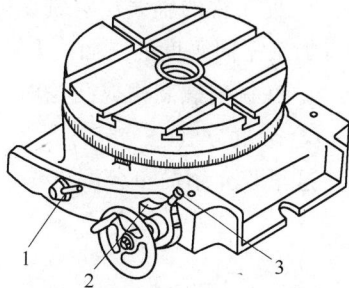

1—手柄；2—内六角螺钉；3—偏心销
图 1-19　手动回转工作台

图1-20（a）所示为机动回转工作台的外形示意图。与手动回转工作台的区别主要是能利用万向联轴器，由机床传动装置带动传动轴1，而使转台旋转。不需机动时，将离合器手柄2处于中间位置，直接摇动手轮作手动用，其结构如图1-20（b）所示。

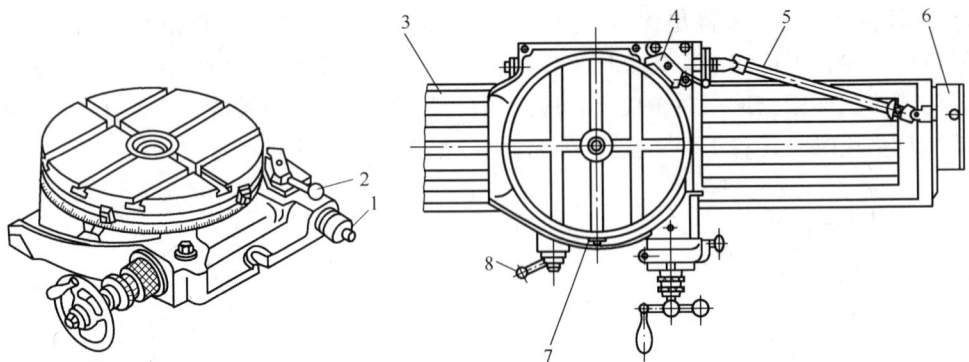

(a) 外形　　　　　　　　　　　　　(b) 机动传动装置

1—传动轴；2—离合器手柄；3—机床工作台；4—拨块；5—万向联轴器；6—传动齿轮箱；7—挡铁；8—紧固手柄

图 1-20　机动回转工作台

（3）万能分度头

万能分度头如图 1-21 所示。

图 1-21　万能分度头

① 分度头的功用

a. 使工件绕本身轴线进行分度（等分或不等分），如六方、齿轮、花键等等分的零件。

b. 使工件的轴线相对铣床工作台台面扳成所需要的角度（水平、垂直或倾斜）。因此，可以加工不同角度的斜面。

c. 在铣削螺旋槽或凸轮时，能配合工作台的移动使工件连续旋转。

② 分度方法

这里仅介绍简单分度方法。例如，分度 $z=35$。每一次分度时手柄转过的转数为：

$$n = \frac{40}{z} = \frac{40}{35} = 1\frac{1}{7}\text{r}$$

即每分度一次，手柄需要转过 $1\frac{1}{7}$ 转。这 $\frac{1}{7}$ 转是通过分度盘来控制的，一般分度头备有两块分度盘。分度盘两面都有许多圈孔，各圈孔数均不等，但同一孔圈上孔距是相等的。第一块分度盘的正面各圈孔数分别为 24、25、28、30、34、37，反面为 38、39、41、42、43；第二块分度盘正面各圈孔数分别为 46、47、49、51、53、54，反面分别为 57、58、59、62、66。

简单分度时，分度盘固定不动。此时将分度盘上的定位销拔出，调整孔数为 7 的倍数的孔圈上，即 28、42、49 均可。若选用 42 孔数，即 1/7 = 6/42。所以，分度时，手柄转过一转后，再沿孔数为 42 的孔圈上转过 6 个孔间距。

为了避免每次数孔的烦琐及确保手柄转过的孔数可靠，可调整分度盘上的两块分形夹之间的夹角，使之等于欲分的孔间距数，这样依次进行分度时就可以准确无误。

2. 常用工具

（1）活扳手

活扳手如图 1-22 所示。扳手由扳口 1、扳体 2、蜗杆 3 和扳手体 4 组成。它是用于扳紧六角、四方形螺钉和螺母的工具，使用时应根据六角对边尺寸选用合适的活扳手。

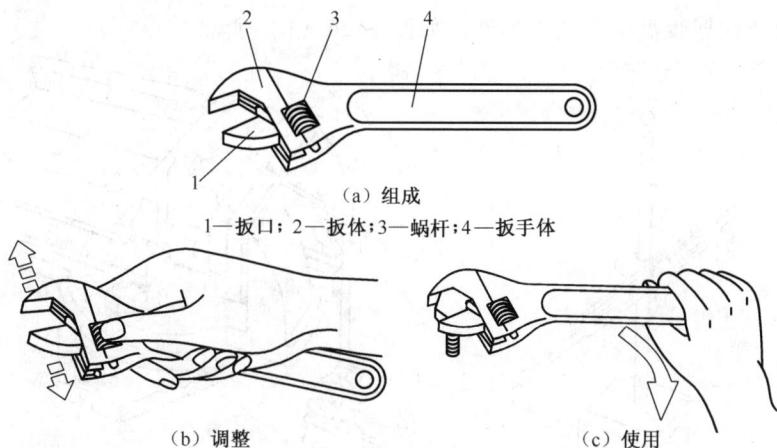

（a）组成

1—扳口；2—扳体；3—蜗杆；4—扳手体

（b）调整　　　　　　　　（c）使用

图 1-22　活扳手

（2）双头扳手

双头扳手如图 1-23 所示。这类扳手的扳口尺寸是固定的，不能调节。使用时，根据螺母、螺钉六角对边尺寸选用相应的扳手，伸入六角螺母后扳紧。

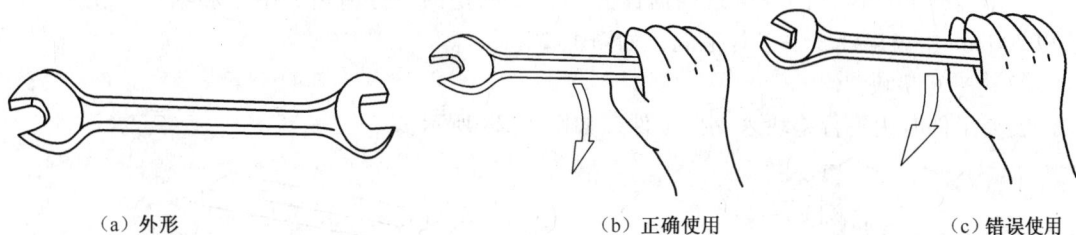

（a）外形　　　　（b）正确使用　　　　（c）错误使用

图 1-23　双头扳手

（3）内六角扳手

内六角扳手如图 1-24 所示。它用于紧固内六角螺钉，使用时选用相应的内六角扳手，手握扳手长的一端，将扳手短的一端插入内六角孔中，用力将螺钉旋紧或松开。

（4）锤子

锤子如图 1-25 所示。锤子用于装夹工件和拆卸刀具时的敲击。锤子有钢锤和铜锤（或铜棒），铜锤用于敲击已加工面。

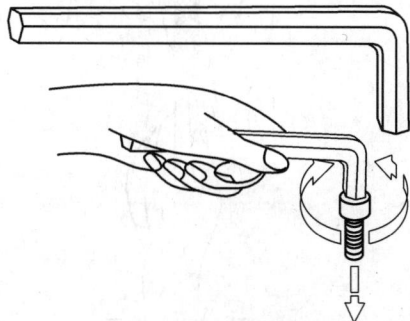

图 1-24　内六角扳手

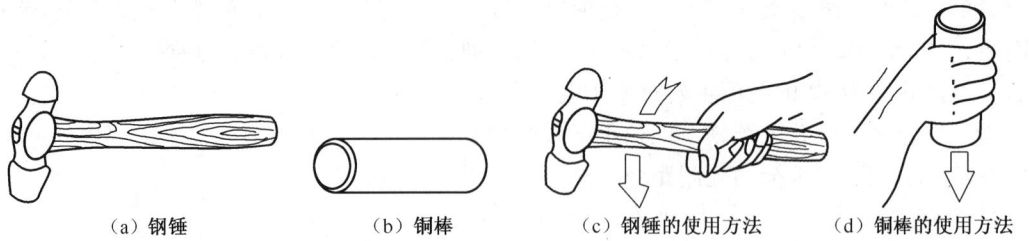

（a）钢锤　　　　　　（b）铜棒　　　　　（c）钢锤的使用方法　　　（d）铜棒的使用方法

图 1-25　锤子

（5）划线盘

划线盘有普通划线盘和调节式划线盘。普通划线盘一般用于在工件上划线，如图 1-26（a）所示；调节式划线盘用于找正工件，如图 1-26（b）所示。

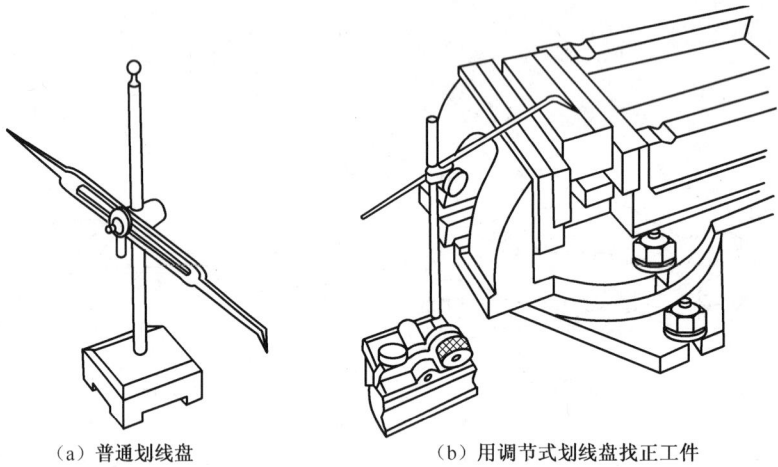

（a）普通划线盘　　　　　　（b）用调节式划线盘找正工件

图 1-26　划线盘

（6）锉刀

常用扁锉（平锉）的规格是根据锉刀的长度而定的，分粗齿、中齿和细齿。铣工一般使用 200mm 中齿扁锉修去工件毛刺，如图 1-27 所示。

（7）平行垫块

装夹工件时用平行垫块来支撑工件，如图 1-28 所示。

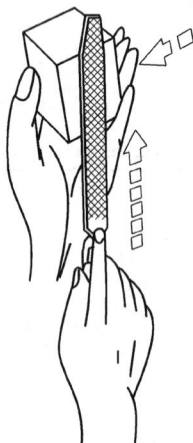

（a）

（b）

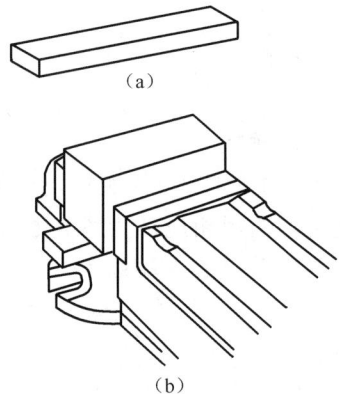

图 1-27　挫刀　　　　　　　　**图 1-28　平行垫块**

3. 常用量具

（1）游标卡尺

游标卡尺是生产中应用较广泛的通用量具，可以用来测量工件外径、孔径、长度、深度以及沟槽宽度等。其分度值有 0.02mm、0.05mm 和 0.1mm 3 种。图 1-29 所示为三用游标卡尺，其分度值为 0.02mm，它是由尺身（主尺）和游标（副尺）等组成。松开锁紧螺钉，移动游标，活动量爪随之移动，读数方法如下。

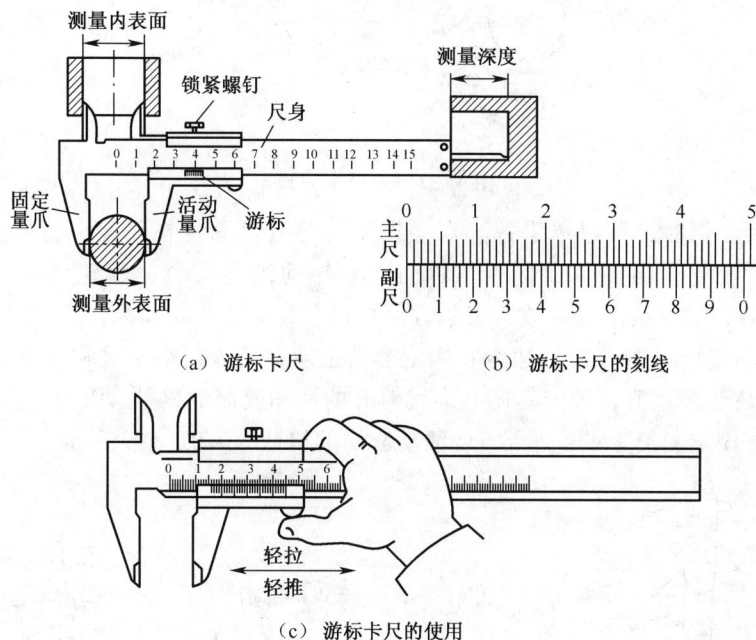

（a）游标卡尺　　　　　　　（b）游标卡尺的刻线

（c）游标卡尺的使用

图 1-29　游标卡尺

① 先读出游标 "0" 线左面的尺身整数的毫米数。

② 游标上读出小数毫米，看游标上的刻线和尺身上哪一条线对齐，用游标的格数 × 0.02。

③ 读数 = 主尺上整数值 + 副尺的格数 ×0.02，如图 1-30 所示。

27mm+0.94mm=27.94mm　　　　　21mm+0.5mm=21.5mm

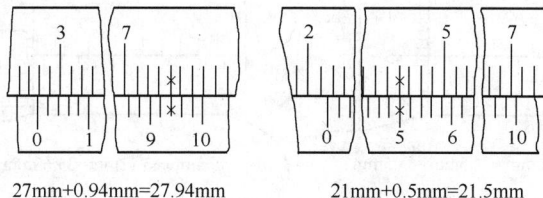

图 1-30　游标卡尺的读数方法

使用游标卡尺时应注意测量力要适当，过大或过小都会造成测量误差；量爪面用干净棉纱擦净推合后，游标与尺身两者零位应重合，否则读数不准确。

（2）外径千分尺

外径千分尺是生产中常用的一种精密量具，分度值为 0.01mm，其外形和结构如图 1-31 所示。外径千分尺由尺架、活动套筒（微分筒）、固定量杆、测微量杆、锁紧手柄和测力装置等组成。

在千分尺的固定套筒中间刻有一条读数的基准线，在基准线的上、下两侧，刻有两排刻线，每排刻线间距为 1mm，上下两排错开 0.5mm，根据这两排刻度就可以很直观地读出毫米数和半毫米数。活动套筒圆周平分为 50 格，转动 1 格，测微量杆轴间移动 0.01mm，当活动套筒转动 1 周时，测微量杆轴向移动 0.5mm，即主尺上的半格。

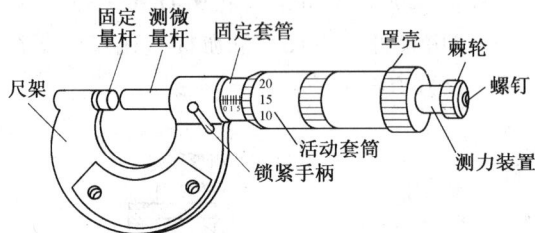

图 1-31　外径千分尺

使用千分尺测量时，可以单手握、双手握或将千分尺固定在尺架上，如图 1-32 所示。注意先转动活动套筒，当测量面接近工件时，要转动测力装置，棘轮发出"嗒嗒"响声（约 2~4 声）后，即可读出尺寸数，读数方法可以分为以下 3 个步骤（如图 1-33 所示）。

① 读出活动套筒（微分筒）边缘在固定套筒上所在位置的毫米数和半毫米数。

② 读出小数部分数值，固定套筒基准线对齐的活动套筒的格数 ×0.01。

③ 读数 = 固定套筒上的毫米数 + 活动套筒的格数 ×0.01。

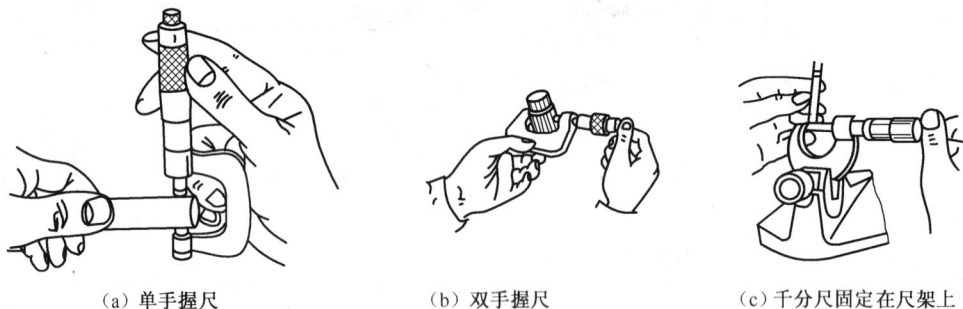

（a）单手握尺　　　　　　（b）双手握尺　　　　　（c）千分尺固定在尺架上

图 1-32　千分尺的使用方法

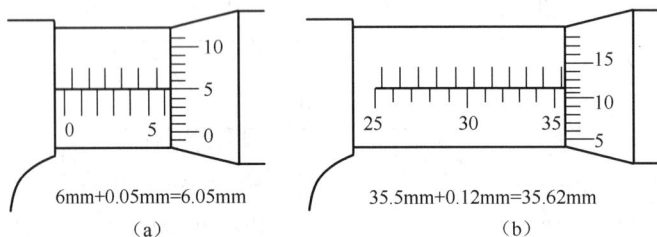

6mm+0.05mm=6.05mm　　　　　35.5mm+0.12mm=35.62mm

（a）　　　　　　　　　　　　　（b）

图 1-33　外径千分尺的读数方法

任务四　立铣头和工作台零位的调整

1. 万能铣床工作台零位的调整

如果铣床工作台零位不准，则纵向工作台的进给方向与主轴轴线不垂直。加工时，如用三面刃铣刀铣直角槽，则粗糙度较粗，槽形上宽下窄，并为凹圆弧形，如图 1-34 所示；如用锯片铣刀铣槽或切断，会造成切口不平，产生啸叫，甚至打刀；如果铣削直齿柱齿轮，会产生齿形畸变。

铣床工作台零位的调整方法如下。使工作台位于纵向、横向行程中间位置，紧固升降台，放松回转台的紧固螺钉，如图 1-35 所示。将百分表固定在插入主轴锥孔的角形表架上，使触头顶在紧靠中央 T 形槽侧面 a 处的专用滑块上。转动主轴，并将滑块移动距 a 为 300mm 的 b 处检验。应按百分表两处读数将工作台调整到 a、b 两处，300mm 的间距允差不大于 0.02mm。

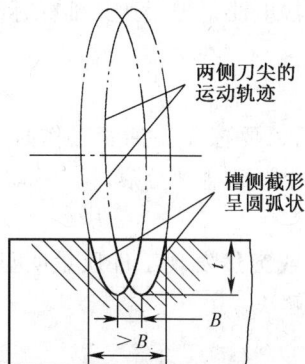

图 1-34 工作台零位误差对铣槽的影响

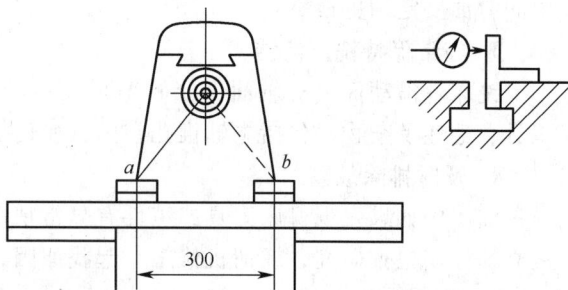

图 1-35 万能铣床工作台零位的调整

2. 卧式铣床万能立铣头零位的调整

如果立铣头零位不准，则主轴轴线与工作台不垂直，加工时，将发生类似万能铣床工作台零位不准所发生的质量问题。例如，用端铣刀铣平面，横向进给铣削会使铣削平面和工作台面倾斜，纵向进给铣削会铣出一个凹面，如图 1-36 所示。其刀痕为单向的弧形纹路。如果镗孔，当升降台垂直进给时，会镗出椭圆孔；当主轴套筒进给时，会产生孔的轴线歪斜。

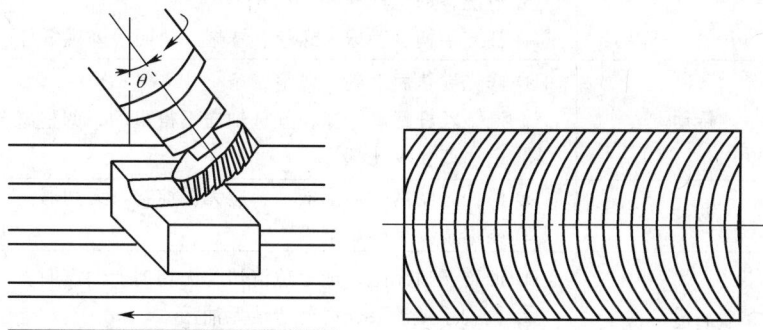

图 1-36 立铣头零位不准铣出凹面

铣床万能立铣头的调整方法如下。如图 1-37 所示，在主轴孔中安装锥柄检验棒，并在工作台上固定百分表座，使表触头与检验棒外圆纵向母线接触，然后升降工作台，根据表针读数变化情况，再调整转动铣头。因该立铣头能在两个方向转动，所以在检验棒圆周上（横向外母线）间隔 90°处再校验调整一次。

任务五 铣床的维护保养

1. 按铣床使用规则合理操作

操作者应该熟悉操作铣床的性能、技术规格及操作规程，熟悉各手柄的操作方法，认真掌握铣削基础知识，合理选用铣削用量、铣削方法，正确使用刀具、工夹量具。离开铣床时应关机。

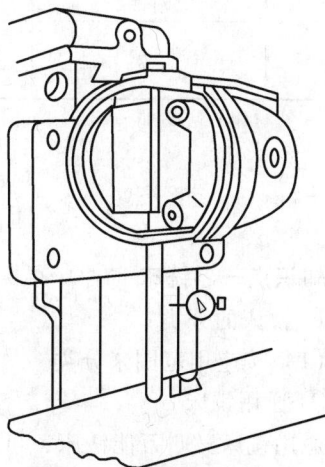

图 1-37 万能立铣头零位调整

2. 搞好铣床润滑

按机床使用说明书，了解各润滑部位的润滑方法。

润滑工作主要包括：机床启动前，检查各应加油部位，加入规定的润滑油，手动油泵要拉足或压足规定次数；机床启动后，要检查机床各油窗是否正常出油，是否达到油标标线，油池中润滑油要定期更换。

3. 经常保持铣床清洁

铣床各滑动面（导轴面、台面等）在启动前和加工后，要擦净涂油。工作时不得置放工具、毛坯及杂物，包括主轴锥孔在内，要倍加保护，不得有磕碰和拉痕。

4. 及时排除故障

加工中如果发现机床刀具或工件有异常情况和声响，或突然发现工件质量明显下降时，应立即停车检查研究，或请机修工一起找原因，及时加以解决。

5. 做好一级保养

机床运行累计 500h 要做一级保养。一级保养作业以操作工人为主、维修工人配合进行，一级保养的具体内容和要求见表 1-1。

表 1-1　　　　　　　　　　机床一级保养内容和要求

序号	保养部位	保养内容和要求
1	外保养	① 机床外表清洁，各罩盖保持内外清洁，无锈蚀，无"黄袍" ② 清洗机床附件并涂油防蚀 ③ 清洗各部丝杆 ④ 补齐手柄、手球、螺丝、螺帽、垫圈等外观零件
2	传动	① 修光导轨面毛刺，调整镶条 ② 调整丝杆螺母间隙，丝杆轴向不得窜动，调整离合器摩擦片间隙 ③ 适当调整 V 形带
3	冷却	① 清洗过滤网、切削液槽，应无沉淀物、无切屑 ② 根据情况调换切削液
4	润滑	① 油路畅通无阻，油毛毡清洁，无切屑，油窗明亮 ② 检查手揿油泵，内外清洁无油污 ③ 检查油质，应保持良好
5	附件	清洁附件，做到清洁、整齐、无锈迹
6	电器	① 清扫电器箱、电动机 ② 检查限位装置，应安全可靠

1.2　项目基本知识

知识点一　铣床

1. 铣床的分类

（1）按应用范围来分类

① 通用铣床

通用铣床又叫万能铣床，可以完成多种复杂零件表面的铣削工序，主要适用于单件、小批生产，如图 1-38 所示。

图 1-38　通用铣床

② 专门化铣床

专门化铣床又叫专能铣床，是专门用途的铣床。如螺纹铣床（如图 1-39 所示）、齿条铣床等，适用于各种专业化生产。

图 1-39　螺纹铣床

③ 专用铣床

专用铣床是根据具体加工对象专门设计和制造的铣床，适用于大批量生产。

（2）按工作台的功能及用途来分类

① 升降台铣床

升降台铣床的工作台带动工件，能在纵向、横向、垂直 3 个方向运动，适用于加工中、小型工件。其中，卧式铣床的主轴轴线与工作台台面平行，立式铣床的主轴轴线与工作台台面垂直。

② 工作台不升降铣床

这类铣床的工作台只做纵向、横向 2 个方向运动，能承受较重和较大的零件，适用于加工大、中型零件。

③ 工具铣床

工具铣床如图 1-40 所示。其主要特点是机床附件种类多而且轻巧，适用于加工形状复杂、尺寸不大的工件,如中、小型刀具和模具的铣削。

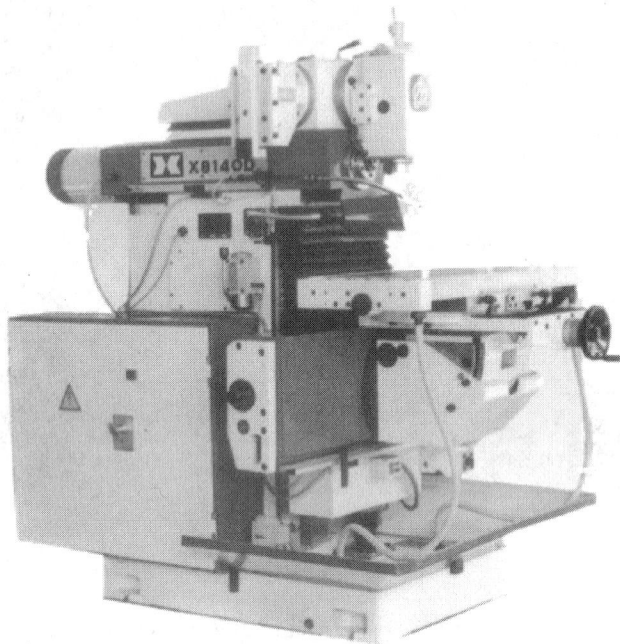

图 1-40 万能工具铣床

④ 龙门铣床

龙门铣床如图 1-41 所示。其主要特点是主轴数目多,加工工件大,能一次完成形状较复杂的工件的加工。

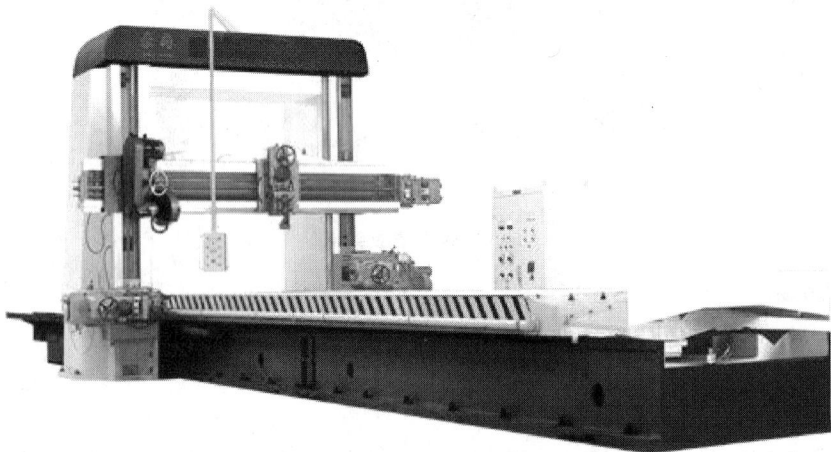

图 1-41 龙门铣床

2. 铣床的型号

机床型号也是机床的代号,它表示产品的系列、主要规格、性能及特征,便于使用管理,同时也可以反映出机床发展的途径和机床制造业的完善程度。

(1) 表示方法

铣床的型号编制目前是按 2008 年发布的《金属切削机床 型号编制方法》 (GB/T 15375—2008) 来执行的,各部分由汉语拼音字母和阿拉伯数字组成,具体如下。

```
（△）□ （□） △ △ （○△） （×□） （/△）    （×△）
 │   │  │   │ │   │    │    │         └── 第二主参数（用""分开）
 │   │  │   │ │   │    │    └──────────── 同一型号机床的变型代号（用""分开）
 │   │  │   │ │   │    └───────────────── 重大改进顺序号
 │   │  │   │ │   └──────────────────── 主轴数（用""分开）
 │   │  │   │ └──────────────────────── 主参数或设计顺序号
 │   │  │   └────────────────────────── 组、型（系列）代号
 │   │  └─────────────────────────────── 通用特性及结构特性代号（可有一个或几个）
 │   └────────────────────────────────── 类代号
 └────────────────────────────────────── 分类代号
```

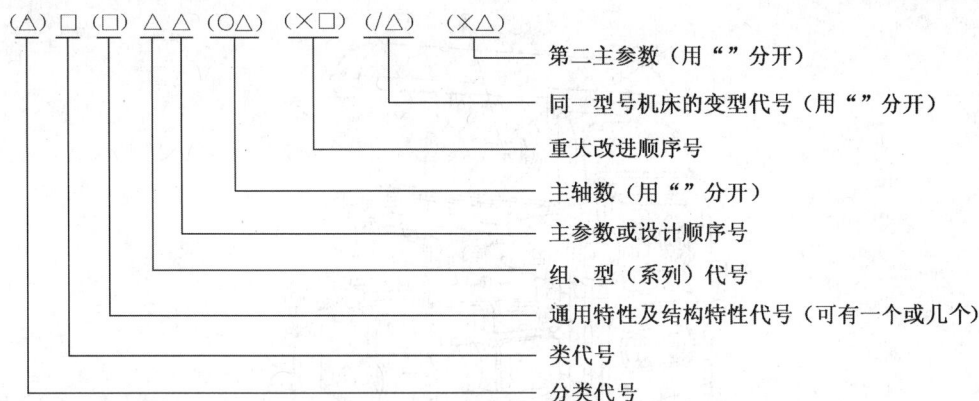

其中：有"△"符号的为阿拉伯数字；

有"○"符号的为大写汉语拼音字母；

有"（）"的代号或数字，若无内容时则不表示，若有内容时应不带括号。

（2）型号举例

① 工作台工作面宽度为320mm的卧式万能升降台铣床的型号：

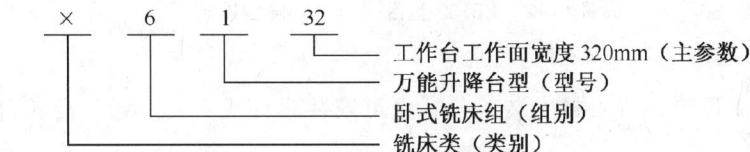

```
 ×   6   1   32
 │   │   │    └── 工作台工作面宽度320mm（主参数）
 │   │   └─────── 万能升降台型（型号）
 │   └─────────── 卧式铣床组（组别）
 └─────────────── 铣床类（类别）
```

② 工作台工作面宽度为260mm的半自动平面仿形铣床的型号：

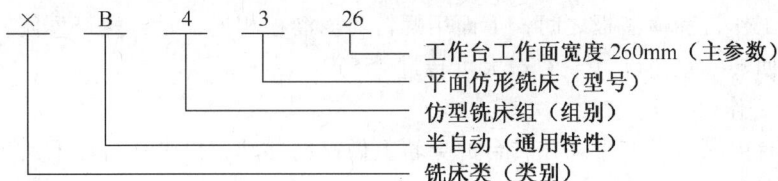

```
 ×   B   4   3   26
 │   │   │   │    └── 工作台工作面宽度260mm（主参数）
 │   │   │   └─────── 平面仿形铣床（型号）
 │   │   └─────────── 仿型铣床组（组别）
 │   └─────────────── 半自动（通用特性）
 └─────────────────── 铣床类（类别）
```

3. X6132型铣床

X6132型铣床（如图1-42所示），是国产铣床中应用最广泛、最典型的一种卧式万能升降台铣床。其主要特征是铣床主轴轴线与工作台台面平行。该机床具有结构可靠、性能良好、加工质量稳定、操作灵活轻便；行程大、加工范围广、精度高、刚性好、通用性强等特点。若配置相应附件，还可以扩大机床的加工范围。例如安装万能立铣头，可以使铣刀回转任意角度，完成立式铣床的工作。该机床还适于高速、高强度铣削，并具有良好的安全装置和完善的润滑系统。这种铣床可将横梁移至床身后面，在主轴端部装上立铣头，能进行立铣加工。

X6132型卧式万能升降台铣床主要组成部分和作用如下。

（1）床身

床身支承并连接各部件，顶面水平导轨支承横梁，前侧导轨供升降台移动之用。床身内装有主轴和主运动变速系统及润滑系统。

（2）横梁

横梁可在床身顶部导轨前后移动，挂架安装其上，用来支承铣刀杆。

（3）主轴

主轴是空心的，前端有锥孔，用以安装铣刀杆和刀具。

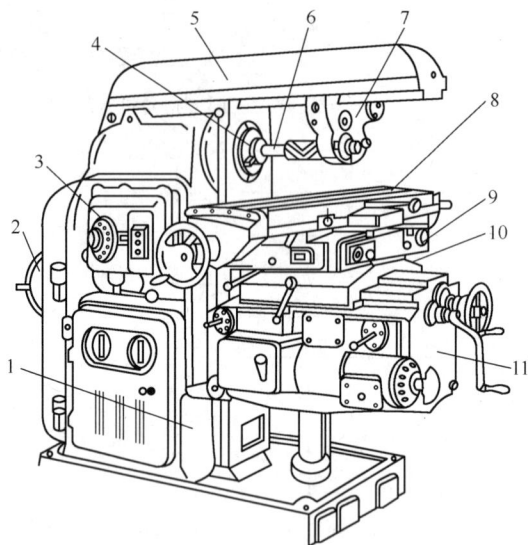

1—床身底座；2—主传动电动机；3—主轴变速机构；4—主轴；5—横梁；6—刀杆；

7—挂架；8—纵向工作台；9—转台；10—横向工作台；11—升降台

图 1-42　X6132 型卧式万能升降台铣床

（4）工作台

工作台上有 T 形槽，可直接安装工件，也可安装附件或夹具。它可沿转台的导轨做纵向移动和进给。

（5）转台

转台位于工作台和横溜板之间，下面用螺钉与横溜板相连，松开螺钉可使转台带动工作台在水平面内回转一定角度（左右最大可转过 45°）。

（6）纵向工作台

纵向工作台由纵向丝杠带动在转台的导轨上做纵向移动，以带动台面上的工件做纵向进给。台面上的 T 形槽用以安装夹具或工件。

（7）横向工作台

横向工作台位于升降台上面的水平导轨上，可带动纵向工作台一起做横向进给。

（8）升降台

升降台可沿床身导轨做垂直移动，调整工作台至铣刀的距离。

知识点二　铣刀的分类

1. 按铣刀切削部分的材料分类

（1）高速钢铣刀

高速钢铣刀有整体和镶齿两种，一般形状较复杂的铣刀都是整体高速钢铣刀。

（2）硬质合金铣刀

硬质合金铣刀是将硬质合金刀片以焊接或机械夹固的方式镶装在铣刀刀体上，如硬质合金立铣刀、三面刃铣刀等。

2. 按铣刀的结构分类

（1）整体铣刀

整体铣刀是指铣刀的切削部分、装夹部分及刀体成一整体。这类铣刀可用高速钢整料制成，也可用高速钢制造切削部分，用结构钢制造刀体部分，然后焊接成一整体。直径不大的立铣刀、三面刃铣刀、锯片铣刀都采用这种结构。

（2）镶齿铣刀

镶齿铣刀的刀体是结构钢，刀齿是高速钢，刀体和刀齿利用尖齿形槽镶嵌在一起。直径较大的三面刃铣刀和套式面铣刀，一般都采用这种结构。

（3）可转位铣刀

这类铣刀是用机械夹固的方式把硬质合金刀片或其他刀具材料安装在刀体上，因而保持了刀片的原有性能。切削刃磨损后，可将刀片转过一个位置继续使用。这种刀具节省了材料，节省了刃磨时间，提高了生产效率。

3. 按铣刀刀齿的构造分类

（1）尖齿铣刀

尖齿铣刀的刀齿截面上，齿背是由直线或折线组成，如图1-43所示。这类铣刀齿刃锋利，刃磨方便、制造比较容易。生产中常用的三面刃铣刀、圆柱铣刀等都是尖齿铣刀。

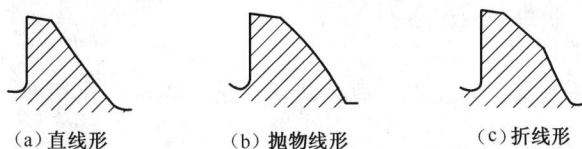

（a）直线形　　　　（b）抛物线形　　　　（c）折线形

图1-43　尖齿铣刀的刀齿形状

（2）铲齿铣刀

铲齿铣刀的刀齿截面上，齿背是阿基米德螺旋线，如图1-44所示。齿背必须在铲齿机床上铲出。这类铣刀刃磨后，只要前角不变，齿形也不变。成形铣刀为了保证刃磨后齿形不变，一般采用铲齿结构。

图1-44　铲齿铣刀及其刀齿形状

4. 按铣刀的形状和用途分类

不同形状和用途的铣刀如图1-45所示。

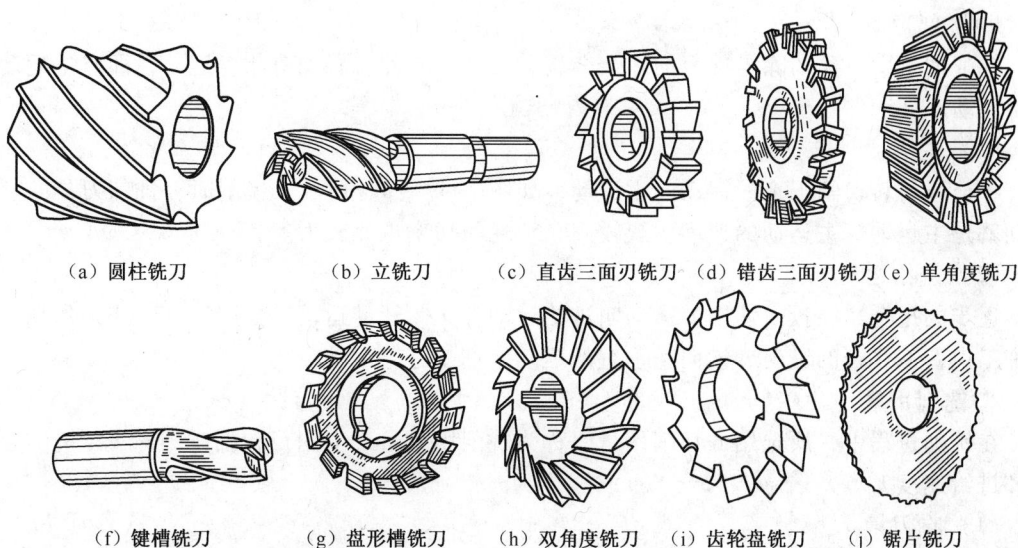

（a）圆柱铣刀　　　（b）立铣刀　　（c）直齿三面刃铣刀　（d）错齿三面刃铣刀（e）单角度铣刀

（f）键槽铣刀　　　（g）盘形槽铣刀　　（h）双角度铣刀　　（i）齿轮盘铣刀　　（j）锯片铣刀

图1-45　不同形状和用途的铣刀

（1）加工平面用的铣刀

加工平面用的铣刀主要有两种：面铣刀和圆柱铣刀。加工较小的平面，也可用立铣刀和三面刃铣刀。

（2）加工直角沟槽用的铣刀

直角沟槽是铣加工的基本内容之一。铣削直角沟槽时，常用的有三面刃铣刀、立铣刀、还有形状如薄片的切口铣刀。键槽是直角沟槽的特殊形式，加工键槽用的铣刀有键槽铣刀和盘形槽铣刀。

（3）加工各种特形沟槽用的铣刀

属于铣削加工的特形沟槽很多，如 T 形槽、V 形槽、燕尾槽等，所用的铣刀有 T 形槽铣刀、角度铣刀、燕尾铣刀等。

（4）加工各种成形面用的铣刀

加工成形面的铣刀一般是专门设计制造而成。常用的标准化成形铣刀有凹圆弧铣刀、凸圆弧铣刀、齿轮盘铣刀和指状齿轮铣刀等。

（5）切断加工用的铣刀

常用的切断加工铣刀是锯片铣刀。薄片状切口铣刀也可用作切断。

5. 按铣刀的安装方式分类

（1）带孔铣刀

采用孔安装的铣刀称为带孔铣刀，如三面刃铣刀、圆柱铣刀等。

（2）带柄铣刀

采用柄部安装的带柄铣刀有锥柄和直柄两种形式。如较小直径的立铣刀和键槽铣刀是直柄铣刀，较大直径的立铣刀和键槽铣刀是锥柄铣刀。

知识点三　铣削

铣削加工是最常用的切削加工方法之一。所谓铣削，就是以铣刀旋转作为主运动，工件或铣刀做进给运动的切削加工方法。铣削的加工范围较广，生产效率和加工精度也较高。铣削加工基本内容如图 1-46 所示。

1. 铣削运动

铣削加工中，要切除零件上的多余金属，刀具和零件就必须有相对运动，即有主运动和进给运动。

（1）主运动

将金属材料切削下来的运动叫主运动，如图 1-47（a）所示。铣削时，铣削刀具的旋转运动就是主运动。主运动的速度一般较高，消耗的功率也比较大。

（2）进给运动

逐步的把金属层投入切削的运动叫进给运动，又叫辅助运动，如图 1-47（b）所示。铣削加工中，工作台的纵向、横向和垂直的运动，都是进给运动。

2. 铣削用量

在铣削过程中，所选用的切削用量，称为铣削用量。铣削用量包括吃刀量 a、铣削速度 v_c 和进给速度 v_f。

（1）吃刀量 a

吃刀量是两平面的距离。该两平面都垂直于所选定的测量方向，并分别通过作用切削刃上两个使上述两平面间的距离为最大的点。吃刀量又包括背吃刀量 a_p 和侧吃刀量 a_e。

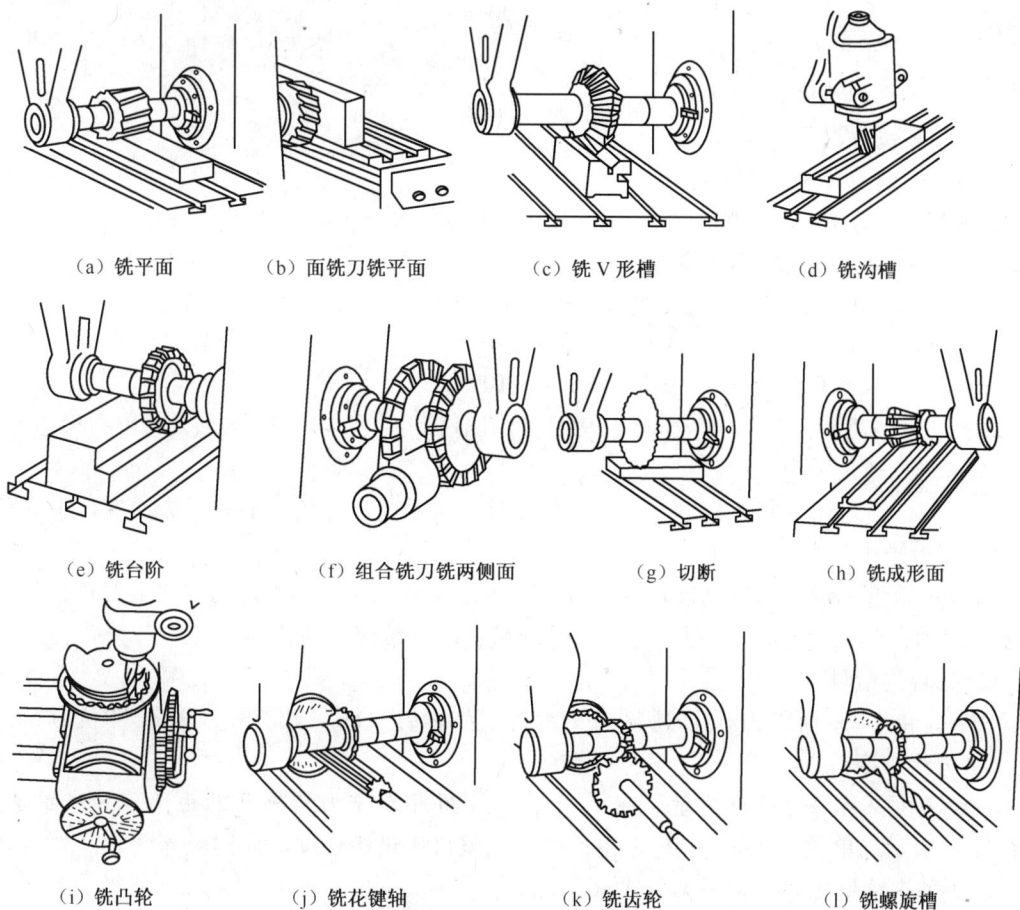

(a) 铣平面　　(b) 面铣刀铣平面　　(c) 铣 V 形槽　　(d) 铣沟槽

(e) 铣台阶　　(f) 组合铣刀铣两侧面　　(g) 切断　　(h) 铣成形面

(i) 铣凸轮　　(j) 铣花键轴　　(k) 铣齿轮　　(l) 铣螺旋槽

图 1-46　铣削加工基本内容

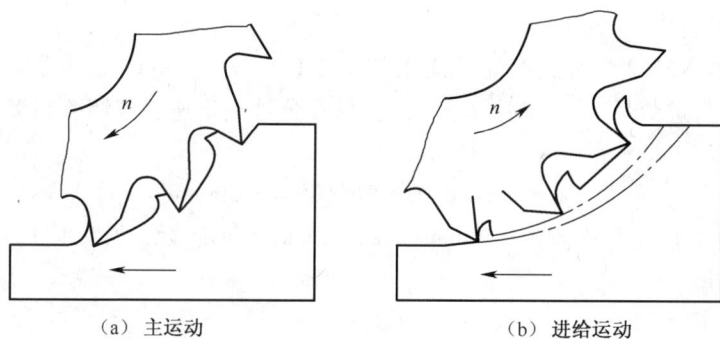

(a) 主运动　　　　　　　　　　　(b) 进给运动

图 1-47　铣削运动

① 背吃刀量 a_p 是指在通过切削刃基点并垂直于工作平面的方向上测量的吃刀量。

② 侧吃刀量 a_e 是指在平行于工作平面并垂直于切削刃基点的进给运动方向上测量的吃刀量。

（2）铣削速度 v_c。

铣削速度是指选定的切削刃相对于工件的主运动的瞬时速度，单位为 m/min。在实际工作中，应先选取合适的铣削速度，然后根据铣刀直径利用公式（1-1）计算出铣刀转速 n。

$$n = \frac{1000v_c}{\pi d_0} \qquad (1-1)$$

式中，v_c——铣削速度，m/min；

d_0——铣刀直径，mm；

n——铣刀转速，r/min。

【例1】 在 X6132 型卧式万能铣床上，铣刀直径 $d_0 = 100$mm，铣削速度 $v_c = 28$m/min。问铣床主轴转速 n 应调整到多少？

解 将 $d_0 = 100$ $v_c = 28$ 代入公式（1-1）有：

$$n = \frac{1000v_c}{\pi d_0} = \frac{1000 \times 28}{3.14 \times 100}\text{r/min} = 89\text{r/min}$$

根据主轴转速表上数值，89r/min 与 95r/min 比较接近，所以应把主轴转速调整到 95r/min。

（3）进给速度 v_f

刀具在进给运动方向上相对工件的位移量称为进给量。进给量的表示方法有以下 3 种。

① 每齿进给量

每齿进给量是指多齿刀具每转或每行程中每齿相对工件在进给运动方向上的位移量，用符号 f_z 表示，单位为 mm/z，每齿进给量是选择铣削进给速度的依据。

② 每转进给量

铣刀每转一周，工件相对铣刀所移动的距离称为每转进给量，用符号 f 表示，单位为 mm/r。

③ 进给速度

进给速度又称每分钟进给量。在 1min 内，工件相对铣刀所移动的距离称为进给速度，用符号 v_f 表示，单位为 mm/min。进给速度是调整机床进给速度的依据。

这 3 种进给量之间的关系见公式（1-2）。

$$v_f = f \cdot n = f_z z n \qquad (1-2)$$

式中，z——铣刀齿数；

n——铣刀转速，r/min。

【例2】 在 X6132 型卧式万能铣床上，铣刀直径 $d_0 = 100$mm，齿数 $z = 16$，转速选用 $n = 75$r/min，每齿进给量 $f_z = 0.08$mm/z。问机床每分钟进给速度应调整到多少？

解 按公式（1-2）得：

$$v_f = f_z z n = 0.08 \times 16 \times 75 = 96\text{mm/min}$$

根据机床进给量表上的数值，96mm/min、95mm/min 接近，所以应把机床的进给速度调整到 95mm/min。

知识点四 切削液

切削时，会产生切削热，使刀具和工件初切处温度升高，磨损加剧。使用切削液能显著地延长刀具的寿命和提高加工质量，并能降低切削力和提高生产率。

1. 切削液的作用

（1）冷却作用

切削液能将已产生的切削热从切削区域迅速带走，使切削温度降低，可以保持刀具的耐用度。

（2）润滑作用

切削液能在刀具的前、后刀面上形成一层润滑薄膜，可以减少刀具和工件表面的直接接触，减轻摩擦和黏结现象。

（3）清洗作用

切削液流动能将切屑和金属粉尘等及时带走，防止细碎的切屑及砂粒粉末等污物附着在工件、刀具和机床工作台上，以免影响工件表面质量、机床精度和刀具寿命。

（4）防锈作用

切削液能使机床、工件、刀具不受周围介质（如空气、水分、手汗等）的腐蚀，起到一定的防锈作用。防锈作用的好坏，取决于切削液本身的性能和加入的防锈添加剂。

2. 切削液的种类

切削液要求对人体健康无害，对机床无腐蚀作用，不易燃，吸热量大，润滑性能好，不易变质，价格低廉，这样才能大量使用。按切削液的性质可分为 3 大类。

（1）水溶液

水溶液主要成分是水。它的流动性、比热、导热系数、汽化热等均较好，冷却性能很好，价格低，但对金属有腐蚀作用，往往加入水溶性防锈添加剂，应用较广泛。

（2）乳化液

乳化液是将乳化油用水稀释而成。它具有良好的冷却性能，但润滑、防锈性能较差。使用时常加入一定量的防锈添加剂和极压添加剂。

（3）切削油

切削油主要成分是矿物油（柴油和全损耗系统用油等），比热容低，流动性差，润滑性能好，适用于轻负荷精加工。使用时，可加入油性防锈添加剂提高其防锈和润滑性能。

3. 切削液的选用

切削液的选用，主要应根据工件材料、刀具材料和加工性质来确定。

粗加工时，由于切削量大，切削热量大，切削区域温度易升高，而且对加工质量要求不高，应选用以冷却为主，并具有一定润滑、清洗和防锈作用的切削液，如水溶液和乳化液等。精加工时，切削量少，切削热量也较少，对工作表面质量要求高，应选用以润滑为主，并具有一定冷却作用的切削液，如切削油。

在铣削铸铁等脆性金属时，因为它们的切屑呈细小颗粒状和切削液混在一起，容易黏结和堵塞铣刀、工件、工作台、导轨及管道，从而影响铣刀的切削性能和工件表面的加工质量，所以一般不加切削液。在用硬质合金铣刀进行高速切削时，由于刀具耐热性能好，故也可不用切削液。

在使用切削液时，还应注意以下几点。

① 切削液要足够，保证铣刀充分冷却，尤其是在铣削速度较高和粗加工时，更为重要。

② 铣削开始就应立即加注切削液，不要等到铣刀发热后再冲注，否则会使铣刀过早磨损，加工质量也不易保证。

③ 切削液应冲注在切屑从工件上分离下来的部位，即冲注在热量最大，温度最高的地方。

④ 应注意检查切削液的质量，尤其是乳化液。使用变质的切削液常常不能达到预期效果。

知识点五　安全技术和文明生产

1. 安全技术

① 着装要求：不准穿背心、拖鞋、凉鞋和裙子进入车间；上班前穿好工作服、工作鞋，女工戴好工作帽；严禁戴手套操作；高速铣削或刃磨刀具时应戴防护镜。

② 操作铣床前，要检查：机床各滑动部润滑油是否够量；机床各手柄是否放在规定位置上；各进给方向自动停止挡铁是否在限位柱范围内，是否紧牢；机床主轴和进给系统工作是否正常、油路是否畅通；检查夹具、工件是否装夹牢固。

③ 铣床运转时不得调整铣削速度，不得装拆零件，如需调整铣削速度，应停车后再进行。

④ 注意铣刀转向及工作台运动方向，一般只准使用逆铣法。

⑤ 严格遵守操作规程，不得随意变动切削用量。

⑥ 铣削齿轮，用分度头分齿时，必须等铣刀完全离开工件后方能转动分度头手柄。

⑦ 铣削时，不得按快速按钮或扳动快速手柄。禁止用手触摸刀刃和加工部位。

⑧ 开快速时，必须使手轮与转轴脱开，防止手轮转动伤人。

⑨ 发现机床有故障，应立即停车，切断电源，保持现场，及时报告。

⑩ 工作时要集中思想，专心操作，不擅自离开机床，离开机床时要关闭电源。

⑪ 工作完毕后应做好清理工作，并关闭电源。

2. 文明生产

① 机床应做到每天一小擦，每周一大擦，按时一级保养。保持机床整齐清洁。

② 操作者的周围场地应保持整洁，地上无油污、积水、积油。

③ 操作时，工具与量具应分类整齐地安放在工具架上，不要随便乱放在工作台上或与切屑等混在一起。

④ 高速铣削或冲注切削液时，应加放挡板，以防切屑飞出及切削液外溢。

⑤ 工件加工完毕，应安放整齐，不乱丢乱放，以免碰伤工件表面。

⑥ 保持图纸和工艺文件的清洁完整。

项目学习评价

一、思考练习题

1. 铣削加工有哪些主要内容？

2. 常用铣床的类型有哪些？最常用的有哪两类？

3. 铣刀有哪些分类方法？

4. 常用的铣床通用夹具有哪些？

5. 铣刀的主要几何角度有哪些？

6. 试述前角的作用。

7. 试述后角的作用。

8. 刀具切削部分材料应具备哪些性能？

9. 铣削用量的选择原则是什么？

10. 高速钢铣刀有什么特点？

11. 硬质合金铣刀有什么特点？

12. 切削液有什么作用？常用的切削液有哪些？如何选用切削液？

13. 铣床一级保养包括哪些内容？

14. 如何做到安全文明生产？

15. 在 X6132 型卧式万能铣床上，铣刀直径是 80mm，齿数是 10，铣削速度选用 26m/min，每齿进给量选用 0.10mm/z。求铣床主轴转速和进给速度。

16. 读出图 1-48 所示千分尺的数值。

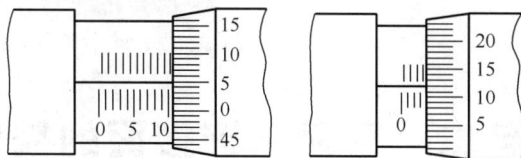

图 1-48 题 16 图

17. 读出图 1-49 所示游标卡尺的数值。

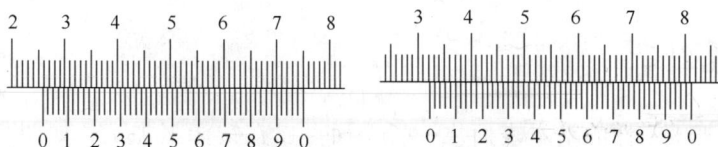

图 1-49 题 17 图

二、自我评价、小组互评及教师评价

<table>
<tr><td colspan="2">评价内容</td><td>自我评价</td><td>小组互评</td><td>教师评价</td></tr>
<tr><td rowspan="5">技能</td><td>铣床的基本操作</td><td>掌握（ ）模仿（ ）不会（ ）</td><td>掌握（ ）模仿（ ）不会（ ）</td><td>掌握（ ）模仿（ ）不会（ ）</td></tr>
<tr><td>常用铣刀的选用及安装</td><td>掌握（ ）模仿（ ）不会（ ）</td><td>掌握（ ）模仿（ ）不会（ ）</td><td>掌握（ ）模仿（ ）不会（ ）</td></tr>
<tr><td>常用工装及使用</td><td>掌握（ ）模仿（ ）不会（ ）</td><td>掌握（ ）模仿（ ）不会（ ）</td><td>掌握（ ）模仿（ ）不会（ ）</td></tr>
<tr><td>立铣头和工作台零位的调整</td><td>掌握（ ）模仿（ ）不会（ ）</td><td>掌握（ ）模仿（ ）不会（ ）</td><td>掌握（ ）模仿（ ）不会（ ）</td></tr>
<tr><td>铣床的维护保养</td><td>掌握（ ）模仿（ ）不会（ ）</td><td>掌握（ ）模仿（ ）不会（ ）</td><td>掌握（ ）模仿（ ）不会（ ）</td></tr>
<tr><td rowspan="5">知识</td><td>铣床</td><td>应用（ ）理解（ ）不懂（ ）</td><td>应用（ ）理解（ ）不懂（ ）</td><td>应用（ ）理解（ ）不懂（ ）</td></tr>
<tr><td>铣刀的分类</td><td>应用（ ）理解（ ）不懂（ ）</td><td>应用（ ）理解（ ）不懂（ ）</td><td>应用（ ）理解（ ）不懂（ ）</td></tr>
<tr><td>铣削</td><td>应用（ ）理解（ ）不懂（ ）</td><td>应用（ ）理解（ ）不懂（ ）</td><td>应用（ ）理解（ ）不懂（ ）</td></tr>
<tr><td>切削液</td><td>应用（ ）理解（ ）不懂（ ）</td><td>应用（ ）理解（ ）不懂（ ）</td><td>应用（ ）理解（ ）不懂（ ）</td></tr>
<tr><td>安全技术和文明生产</td><td>应用（ ）理解（ ）不懂（ ）</td><td>应用（ ）理解（ ）不懂（ ）</td><td>应用（ ）理解（ ）不懂（ ）</td></tr>
<tr><td colspan="2">简单
评语</td><td></td><td></td><td></td></tr>
</table>

三、个人学习小结

从学习的过程、技能练习提高、知识领会感悟、操作体验、需要提高之处、希望改进及对教学的建议等方面写出一份不少于 300 字的项目报告。

项目二　平面和连接面的铣削

项目情境创设

　　平面是构成机械零件的基本表面之一。平面可以在铣床上加工，如图 2-1 所示。铣削平面是铣工的基本加工内容，也是进一步掌握铣削其他复杂表面的基础。

图 2-1　在铣床上铣平面

项目学习目标

　　（1）技能目标

　　① 铣连接面：尺寸公差达到 IT9 级；形位公差垂直度达到 100：0.06mm，平行度达到 100：0.06mm；表面粗糙度达到 $R_a3.2 \sim 1.6 \mu m$。

　　② 铣斜面：尺寸公差达到 IT11 ~ IT12 级，角度误差为 ± 10′ ~ 15′，表面粗糙度达到 $R_a6.3 \sim 3.2 \mu m$，能正确安装通用夹具，合理规范使用工量具。

　　③ 掌握转动工件、转动正立铣头主轴角度、转动虎钳角等方法铣削斜面；能用角度铣刀铣削斜面；正确使用万能角度尺等测量斜面。

　　（2）知识目标

　　① 掌握平面与连接面的要求。

　　② 掌握工件装夹方法及注意事项。

　　③ 了解周边铣削和端面铣削。

　　④ 了解顺铣和逆铣。

项目基本功

2.1 项目基本技能

任务一 用周铣法加工平面和平行面

铣削图 2-2 所示零件。

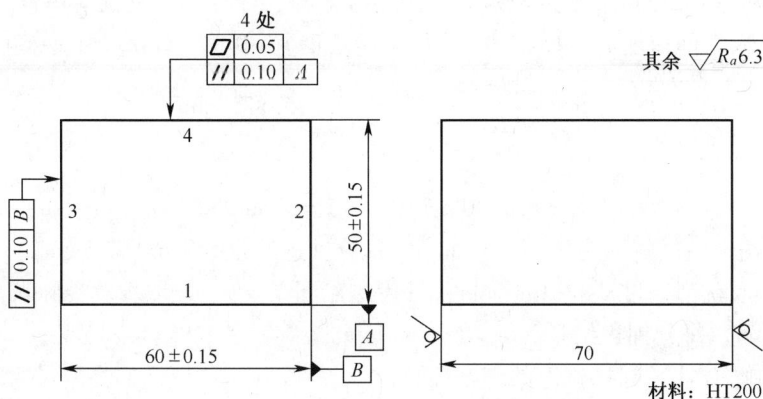

图 2-2 平面、平行面类零件

1. 工艺准备

铣削图 2-2 所示零件平面、平行面时，须按以下步骤进行工艺准备。

（1）分析图样

① 加工精度分析

a. 平面的尺寸为 60mm×70mm、50mm×70mm，平面度公差为 0.05mm。

b. 平行面之间的尺寸为 60mm±0.15mm、50mm±0.15mm，平行面平行度公差为 0.10mm。

c. 毛坯为 80mm×70mm×60mm 的矩形铸造坯件。

② 表面粗糙度分析

除两端面不加工外，工件各表面粗糙度值均为 $R_a6.3\mu m$，采用铣削加工能达到要求。

③ 材料分析

零件材料为 HT200，切削性能较好，可选用高速钢铣刀，也可选用硬质合金铣刀加工。

④ 形状分析

零件毛坯为矩形铸件，尺寸不大，宜采用带网纹钳口的机用虎钳装夹。

（2）选择铣床

根据图样的精度要求，平面可在立式铣床上用套式铣刀进行铣削加工，也可以在卧式铣床上用圆柱铣刀铣削加工。这里选用 X6132 型卧式万能铣床。

（3）选择装夹方式

选用机用虎钳装夹工件。考虑到毛坯面对夹具定位夹紧面精度的影响以及夹持坯件的夹紧力，坯件装夹时宜在工件和虎钳定位夹紧面中间垫铜片。

（4）选择刀具

根据图样给定的平面宽度尺寸选择圆柱铣刀规格，现选用外径为 63mm、宽度为 80mm、孔径为 27mm、齿数为 6 的粗齿圆柱铣刀粗铣平面。选用尺寸规格相同，齿数为 10 的细齿圆柱铣刀精铣平面。如果铣刀粗铣后磨损较少，也可用同一把铣刀精铣。

（5）确定加工过程

在卧式铣床上采用圆柱铣刀加工图 2-2 所示零件，加工过程为：坯件检验→安装机用虎钳→装夹工件→安装圆柱铣刀→粗铣四面→精铣 60mm×70mm 基准平面→预检平面度→精铣 60mm±0.15mm 两平行面→精铣 50±0.15mm 平行面→质量检验。

（6）选择铣削用量

按工件材料（HT200）、铣刀规格和机床型号选择、计算和调整铣削用量。

① 粗铣，取铣削速度 $v_c = 15\text{m/min}$，每齿进给量 $f_z = 0.12\text{mm/z}$，则铣床主轴转速为

$$n = \frac{1000v_c}{\pi D} = \frac{1000 \times 15}{3.14 \times 63} \approx 75.83\text{r/min}$$

每分钟进给量为

$$v_f = f_z z n = 0.12 \times 6 \times 75 = 54\text{mm/min}$$

实际调整铣床主轴转速为 $n = 75\text{r/min}$，每分钟进给量为 $v_f = 47.5\text{mm/min}$。

② 精铣，取铣削速度 $v_c = 20\text{mm/min}$，每齿进给量 $f_z = 0.06\text{mm/z}$，实际调整铣床主轴转速为 $n = 95\text{r/min}$，每分钟进给量为 $v_f = 60\text{mm/min}$。

③ 粗铣的吃刀量（圆柱铣刀的侧吃刀量 a_e）为 2.5mm，精铣的吃刀量为 0.5mm。铣削宽度（圆柱铣刀的背吃刀量 a_p）为 60mm。

（7）选择检测方法

① 平面度采用刀口形直尺检验。

② 平行面之间的尺寸和平行度用外径千分尺测量。

③ 表面粗糙度采用目测样板类比检验。

2. 工件加工

（1）坯件检验

① 目测检验坯件的形状和表面质量。如各面之间是否基本平行、垂直，表面是否有无法通过铣削加工的凹陷、硬点等。

② 用钢直尺检验坯件的尺寸，并结合各毛坯面的垂直和平行情况，测量最短的尺寸，以检验坯件是否有加工余量。

（2）安装机用虎钳

① 安装前，将机用虎钳的底面与工作台面擦干净，若有毛刺、凸起，应用磨石修磨平整。

② 检查虎钳底部的定位键是否紧固，定位键定位面是否同一方向安装。

③ 将虎钳安装在工作台中间的 T 形槽内，钳口位置居中，并用手拉动虎钳底盘，使定位键向 T 形槽直槽一侧贴合。

④ 用 T 形螺栓将机用虎钳压紧在工作台面上。

（3）装夹和找正工件

工件下面加垫长度大于 70mm，宽度小于 50mm 的平行垫块，其高度应保证工件上平面高于钳口 10mm。粗铣时在垫块和钳口处衬垫铜片。工件夹紧以后，用锤子轻轻敲击工件，

并拉动垫块检查下平面是否与垫块贴合。

（4）安装铣刀

安装圆柱铣刀的步骤详见项目一任务二中的"4.圆柱铣刀的安装"。

（5）对刀和粗铣平面

① 启动主轴，调整工作台，使铣刀处于工件上方，对刀时不必擦到毛坯表面，因毛坯表面的氧化层会损坏铣刀切削刃。

② 纵向退刀后，按粗铣吃刀量2.5mm上升工作台，用逆铣方式粗铣平面1。

③ 将平面1与机用虎钳定位面贴合，粗铣平面2，工件翻转180°，平面2与平行垫块贴合，粗铣平面3。

④ 将工件转过90°，将平面1与平行垫块贴合，粗铣平面4。

（6）预检、精铣基准面

① 用刀口形直尺预检工件各面的平面度，挑选平面度较好的平面作为精铣定位基准。

② 用游标卡尺或千分尺测量尺寸50mm、60mm的实际余量，如经过测量粗铣后实际尺寸为50.85~50.98mm、60.95~61.06mm。

③ 换装细齿圆柱铣刀，调整主轴转速和进给量。

④ 精铣一平面，吃刀量为0.3mm，用刀口形直尺预检精铣后表面的平面度，以确定铣刀的切削刃刃磨质量及圆柱度误差。

用刀口形直尺测量时，沿刀具轴线方向测得的误差主要是由圆柱铣刀刃口质量和圆柱度误差引起的。若精铣平面的平面度未达到0.20mm的要求，应更换铣刀。

（7）精铣各面

按粗铣四面的步骤精铣各面，在精铣的过程中，注意测量过程，在达到尺寸要求的同时，达到平行度要求。

3. 质量检验分析

（1）平面、平行面检验

① 用千分尺测量平行面之间的尺寸应在49.85~50.15mm、59.85~60.15mm范围内，但因平行度公差为0.10mm，因此，用千分尺测得的尺寸最大偏差应在0.10mm内。

② 用刀口形直尺测量平面度时，各个方向的直线度均应在0.10mm范围内，必要时可用0.10mm的塞尺检查刀口形直尺与被测平面之间缝隙的大小。

③ 表面粗糙度通过目测类比进行。此处平面由周边铣削铣成，表面粗糙度值应在$R_a6.3\mu m$以内。

（2）圆柱铣刀铣削平面、平行面质量分析

① 平面度超差的主要原因可能是：铣刀的圆柱度不好、铣床工作台导轨的间隙过大，进给时工作台面上下波动或摆动等。

② 平行度较差的原因可能是：工件装夹时定位面未与平行垫块紧贴、圆柱铣刀有锥度、平行垫块精度差、机用虎钳安装时底面与工作台面之间有脏物或毛刺等。

③ 平行面之间尺寸超差的原因可能是：铣削过程预检尺寸误差大、工作台垂向上升的吃刀量数据计算或操作错误、量具的精度差、测量值读错等。

④ 表面粗糙度超差的原因可能是：铣刀刃磨质量差和过早磨损、刀杆精度差、挂架支持轴承间隙调整不合理、横梁未紧固、铣床进给有爬行、工件材料有硬点等。

任务二　用端铣法加工平面和垂直面

铣削图 2-3 所示零件。

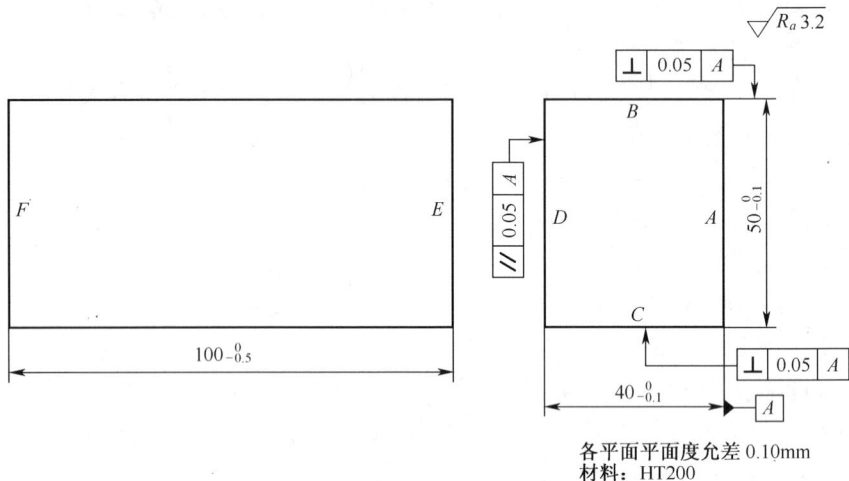

各平面平面度允差 0.10mm
材料：HT200

图 2-3　平面、垂直面类零件

1. 工艺准备

铣削图 2-3 所示零件平面、垂直面时，须按以下步骤进行工艺准备。

（1）分析图样

① 加工精度和基准分析

a. 平面的尺寸为 50mm×100mm、40mm×100mm，平面度公差为 0.10mm。

b. 平行面之间的尺寸为 $50_{-0.10}^{0}$ mm、$40_{-0.10}^{0}$ mm，垂直面垂直度公差为 0.05mm。

c. 毛坯为 60mm×50mm×100mm 的矩形工件。

d. 加工时，基准面尽可能用作定位面，此处要求平面 B、C 垂直于平面 A，平面 D 平行于平面 A，所以 A 面为定位基准面。

② 表面粗糙度分析

除两端面不加工外，工件各表面粗糙度值均为 $R_a3.2\mu m$，采用铣削加工能达到要求。

③ 材料分析

零件材料为 HT200，切削性能较好，可选用高速钢铣刀，也可选用硬质合金铣刀加工。

④ 形状分析

零件毛坯为矩形铸件，尺寸不大，宜采用机用虎钳装夹。

（2）选择铣床

根据图样的精度要求，零件可以在立式铣床上用套式铣刀进行铣削加工，这里选用 X5032 型立式铣床。

（3）选择装夹方式

选用机用虎钳装夹工件。

（4）选择刀具

根据图样给定的平面宽度尺寸选择套式面铣刀规格，现选用外径为 80mm、宽度为 45mm、孔径为 32mm、齿数为 10 的套式面铣刀。

（5）确定加工过程

在立式铣床上采用套式面铣刀加工图 2-3 所示零件，加工过程为：坯件检验→安装机用虎钳→装夹工件→安装套式面铣刀→粗铣四面→精铣 50mm × 100mm 基准平面→预检平面度→精铣 $50_{-0.10}^{0}$ mm 两垂直面→精铣 $40_{-0.10}^{0}$ mm 平行面→质量检验。

（6）选择铣削用量

按工件材料（HT200）、铣刀规格和机床型号选择、计算和调整铣削用量。

① 粗铣，取铣削速度 $v_c = 16$m/min，每齿进给量 $f_z = 0.10$mm/z，则铣床主轴转速为

$$n = \frac{1000v_c}{\pi D} = \frac{1000 \times 16}{3.14 \times 80} \approx 63.69\text{r/min}$$

每分钟进给量为

$$v_f = f_z zn = 0.10 \times 10 \times 60 = 60\text{mm/min}$$

实际调整铣床主轴转速为 $n = 60$r/min，每分钟进给量为 $v_f = 60$mm/min。

② 精铣，取铣削速度 $v_c = 20$m/min，每齿进给量 $f_z = 0.063$mm/z，实际调整铣床主轴转速为 $n = 75$r/min，每分钟进给量为 $v_f = 47.5$mm/min。

③ 粗铣的铣削层深度为 2.5mm，精铣的铣削层深度为 0.5mm。铣削层宽度分别为 40mm 和 50mm。

（7）选择检测方法

① 平面度采用刀口形直尺检验。

② 平行面之间的尺寸和平行度用外径千分尺测量。

③ 垂直度用 90°角尺检验。

④ 表面粗糙度采用目测样板类比检验。

2. 工件加工

（1）坯件检验

用钢直尺检验坯件的尺寸，并结合各表面的垂直度、平行度情况，检验坯件是否有加工余量，如测得预制件基本尺寸 60mm × 50mm × 100mm。

（2）安装机用虎钳

将虎钳安装在工件台中间的 T 形槽内，钳口位置居中，并用手拉动虎钳底盘，使定位键向 T 形槽直槽一侧贴合，然后用 T 形螺栓将虎钳压紧在工作台面上。

（3）装夹和找正工件

工件下面加垫长度大于 100mm，宽度小于 40mm 的平行垫块，其高度应保证工件上平面高于钳口 5mm。

（4）安装铣刀

安装套式面铣刀的步骤详见项目一任务二中的"5. 套式面铣刀的安装"。

（5）对刀和粗铣平面

① 启动主轴，调整工作台，使铣刀处于工件上方，横向调整的位置使工件和铣刀处于对称铣削或不对称逆铣的位置。

② 垂向退刀后，按铣削层深度 2.5mm 上升工作台，用不对称铣方式粗铣平面 A。

③ 将平面 A 与机用虎钳定位面贴合，粗铣平面 B，工件翻转 180°，平面 B 与平行垫块贴合，粗铣平面 C。为了保证平面 A 与 B、C 的垂直度，在加工垂直面 B、C 时，应在 D 面与活动钳口之间加一根圆棒，以使平面 A 能紧贴定钳口，如图 2-4（a）所示。若不使用圆棒装夹工件，可能会因夹紧面与基准面 A 不平行等因素，致使工件基准面不能与固定钳口定位面完全贴合，如图 2-4（b）、图 2-4（c）所示。

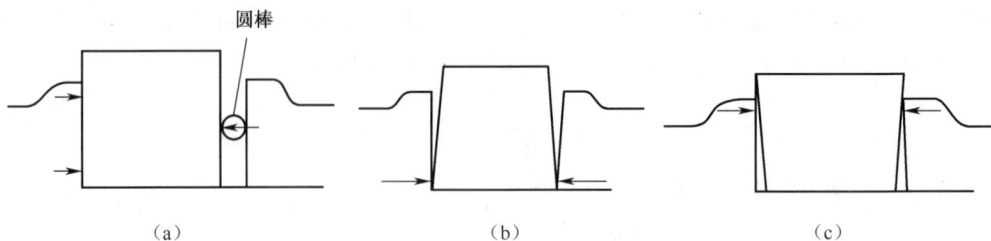

图 2-4　工件在平口钳中的装夹

④ 将工件转过 90°，将平面 A 与平行垫块贴合，粗铣平面 D。

（6）预检、精铣基准面 A

① 用刀口形直尺预检工件各面的平面度，及 A 面与 B、C 面的垂直度，A 面与 D 面的平行度。若预检发现垂直度误差较大，应检查机用虎钳固定钳口定位面与工作台面的垂直度，如图 2-5 所示。在确认虎钳底面与工作台面之间紧密贴合的前提下，若测得固定钳口与工作台面不垂直，则应对钳口进行找正。找正的方法是松开固定钳口铁与虎钳的紧固螺钉，在钳口铁与虎钳之间衬垫一定厚度的铜片或纸片。衬垫物的厚度等于百分表读数的差值乘以钳口铁的高度再除以百分表的测量移距。衬垫的位置根据差值的

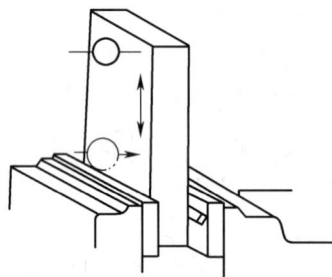

图 2-5　校核固定钳口与工作台面的垂直度

方位确定，若百分表的读数下面大，则应垫在上面；反之，则垫在下面。

② 用游标卡尺或千分尺测量尺寸 50mm、40mm 的实际余量，如经过测量粗铣后实际尺寸为 50.75～50.85mm、40.78～40.89mm。

③ 检查套式面铣刀的刀尖质量、磨损情况，调整主轴转速和进给量。

④ 精铣平面 A，吃刀量为 0.3mm，用刀口形直尺预检精铣后表面的平面度，以确定铣刀的切削刃刃磨质量及铣床立铣头与工作台面的垂直度。用刀口形直尺测量时，对纵向进给铣削的平面，沿横向测得的凹圆弧误差主要是由立铣头倾斜引起的。若精铣平面的平面度未达到 0.10mm 的要求，表面粗糙度未达到，应更换铣刀并重新调整立铣头与工作台面垂直。

（7）精铣各面

按粗铣四面的步骤精铣各面，在精铣的过程中注意测量过程，在达到尺寸要求的同时，达到垂直度、平行度要求。如果预检垂直度有误差，可在固定钳口与工件定位面之间衬垫铜片或纸片，当铣出的平面与基准面之间的夹角小于 90° 时，铜片或纸片应垫在钳口上部；反之，则垫在下部。只要仔细地微量调整纸片、铜片的厚度或衬垫位置，便可铣削出符合图样要求的垂直面。

3. 质量检验分析

（1）平面、平行面检验

① 用千分尺测量平行面之间的尺寸应在 49.90～50.00mm、39.90～40.00mm 范围内，但因平行度公差为 0.05mm，因此用千分尺测得的尺寸最大偏差应在 0.05mm 内。

② 用刀口形直尺测量平面度时，各个方向的直线度均应在 0.05mm 范围内，必要时可用 0.05mm 的塞尺检查刀口形直尺与被测平面之间缝隙的大小。

③ 用 90°角度尺测量相邻面垂直度时，应以工件上 A 面为基准，并注意在平面的两端测量，以测得最大实际误差值，分析并找出垂直度误差产生的原因。

④ 表面粗糙度通过目测类比进行。此处平面由端面铣削铣成，表面粗糙度与 $R_a6.3\mu m$ 样板相当。

（2）套式面铣刀铣削平面、垂直面质量分析

① 平面度超差的主要原因除了和圆柱铣刀铣削平面的原因类似外，其主要原因是立铣头与工作台面不垂直。

② 平行度较差的原因与圆柱铣刀铣削类似，但不包括铣刀锥度等形状误差因素。

③ 垂直度较差的原因可能是：立铣头轴线与工作台面不垂直、虎钳安装精度差、钳口铁安装精度或形状精度差、工件装夹时没有使用圆棒，工件基准面与固定钳口之间有毛刺或脏物，衬垫铜片或纸片的厚度与位置不正确，虎钳夹紧时固定钳口外倾等。

④ 平行面之间尺寸超差的原因可能是：铣削过程预检尺寸误差大、工作台垂向上升的吃刀量数据计算或操作错误、量具的精度差、测量值读错等。

⑤ 表面粗糙度超差的原因可能是：铣刀刃磨质量差和过早磨损、刀杆精度差引起铣刀端面跳动、铣床进给有爬行、工件材料有硬点、铣削位置调整不当、采用了不对称顺铣等。

任务三　在卧式铣床上加工长条状矩形工件

在卧式铣床上加工图 2-6 所示长条状矩形工件。

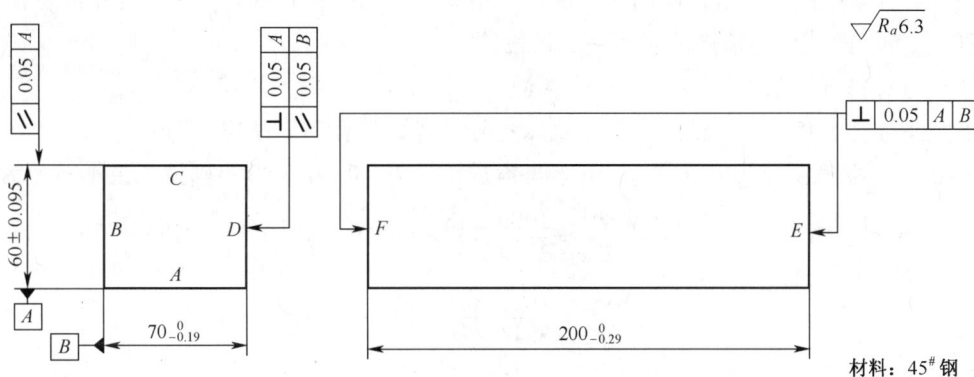

图 2-6　长条状矩形工件

1. 工艺准备

铣削长条状矩形工件，须按以下步骤进行工艺准备。

（1）分析图样

① 加工精度和基准分析

a. 平面的尺寸为 $200_{-0.29}^{\ 0}$ mm、$70_{-0.19}^{\ 0}$ mm、$60mm\pm0.095mm$。

b. 相对面的平行度公差为尺寸为 0.05mm，相邻面的垂直度公差为 0.05mm。

c. 毛坯为 $210mm\times80mm\times70mm$ 的矩形工件。

d. 加工时，基准面尽可能用作定位面，此处要求 D 面垂直于 A 面、平行于 B 面，C 面平行于 A 面，E、F 面垂直于 A、B 面，所以平面 A、B 为工件定位基准。

② 表面粗糙度分析

工件各表面粗糙度值均为 $R_a6.3\mu m$，采用铣削加工容易达到要求。

③ 材料分析

工件材料为 $45^{\#}$ 钢，切削性能较好，可选用高速钢铣刀，也可选用硬质合金铣刀加工。

④ 形状分析

工件的形状为长条状矩形，其外形尺寸和基准平面不大，但由于工件较长，使装夹与铣削方式受到一定限制。可在卧式铣床上用周铣法加工侧面，用端面铣削法加工端面，工件可采用机用虎钳装夹。

（2）选择铣床

选用 X6132 型卧式铣床。

（3）选择装夹方式

选用铣床用机用虎钳，其型号规格为 Q12160 型平口虎钳，钳口宽度为 160mm，钳口最大张开度为 125mm，钳口高度为 50mm。

（4）选择刀具

根据图样给定的平面宽度尺寸选择圆柱铣刀和套式面铣刀规格，现选用外径为 63mm、长度为 80mm 的粗齿（6 齿）圆柱铣刀粗铣侧面，选用尺寸规格相同的细齿（10 齿）圆柱铣刀精铣侧面，选用外径 80mm、长度 45mm、齿数为 10 的套式面铣刀粗精铣两端面。

（5）确定加工过程

在卧式铣床上进行铣削加工，矩形工件加工过程为：坯件检验→安装机用平口虎钳→装夹工件→安装圆柱铣刀→粗铣四侧面→预检、精铣四侧面→虎钳回转 90°安装并进行找正→粗铣 $20_{-0.29}^{0}$ mm 两端面→精铣两端面→质量检验。

（6）选择铣削用量

按工件材料（45#钢）、铣刀规格和机床型号选择、计算和调整铣削用量。

① 粗铣，取铣削速度 $v_c = 18\text{m/min}$，每齿进给量 $f_z = 0.10\text{mm/z}$，则铣床主轴转速为

$$n_1 = \frac{1000v_c}{\pi D} = \frac{1000 \times 18}{3.14 \times 63} \approx 90.99\text{r/min}$$

$$n_2 = \frac{1000v_c}{\pi D} = \frac{1000 \times 18}{3.14 \times 80} \approx 71.66\text{r/min}$$

每分钟进给量为

$$v_{f1} = f_z zn = 0.10 \times 6 \times 95 = 57\text{mm/min}$$

$$v_{f2} = f_z zn = 0.10 \times 10 \times 75 = 75\text{mm/min}$$

实际调整铣床主轴转速为 $n_1 = 95\text{r/min}$，$n_2 = 75\text{r/min}$；每分钟进给量为 $v_{f1} = 47.5\text{mm/min}$，$v_{f2} = 75\text{mm/min}$。

② 精铣，取铣削速度 $v_c = 20\text{m/min}$，每齿进给量 $f_z = 0.05\text{mm/z}$，则铣床主轴转速为

$$n_1 = \frac{1000v_c}{\pi D} = \frac{1000 \times 20}{3.14 \times 63} \approx 101.10\text{r/min}$$

$$n_2 = \frac{1000v_c}{\pi D} = \frac{1000 \times 20}{3.14 \times 80} \approx 79.62\text{r/min}$$

每分钟进给量为

$$v_{f1} = f_z zn = 0.05 \times 10 \times 95 = 47.5\text{mm/min}$$

$$v_{f2} = f_z zn = 0.05 \times 10 \times 75 = 37.5\text{mm/min}$$

实际调整铣床主轴转速为 $n_1 = 95\text{r/min}$，$n_2 = 75\text{r/min}$；每分钟进给量为 $v_{f1} = 47.5\text{mm/min}$，$v_{f2} = 37.5\text{mm/min}$。

③ 粗铣的铣削层深度为 2.5mm，精铣的铣削层深度为 0.5mm。铣削层宽度分别为 60 ~ 80mm 以内。

（7）选择检测方法

① 平面度采用刀口形直尺检验。

② 平行面之间的尺寸和平行度用外径千分尺测量。

③ 垂直度用 90°角尺检验。

④ 表面粗糙度采用目测样板类比检验。

2. 工件加工

（1）坯件检验

① 用钢直尺检验坯件的尺寸，并结合各表面的垂直度、平行度情况，检验坯件是否有加工余量，如测得预制件基本尺寸 210mm×80mm×70mm。

② 综合考虑平面的粗糙度、平面度和相邻面的垂直度，在两个 208mm×79mm 的平面中选择一个作为粗铣的基准平面。

（2）安装机用虎钳

将虎钳安装在工件台中间的 T 形槽内略偏左侧，用 T 形螺栓紧固，安装时注意底面与工作台面之间的清洁。

（3）装夹工件

铣削 A、B、C、D 面时，采用机用平口虎钳装夹工件，固定钳口与工作台的纵向平行。铣削端面 EF 时，虎钳固定钳口与横向平行。因工件尺寸均大于钳口高度 10mm 以上，故不需采用平行垫块。

（4）安装铣刀

使用长刀杆安装圆柱铣刀加工 A、B、C、D 面，粗铣时安装粗齿圆柱铣刀，精铣时换装细齿圆柱铣刀。铣削端面 E、F 时，换装套式面铣刀。

（5）粗铣 A、B、C、D 平面

① 用虎钳装夹工件粗铣平面 A，调整工作台，使铣刀处于工件上方，横向调整的位置使工件宽度处于铣刀中间。铣除余量 4mm，平面度误差在 0.05mm 之内。

② 以 A 面为基准，铣削垂直面 B、D，平面度、垂直度和平行度误差均在 0.05mm 之内，单面铣除余量 4mm。工件装夹时将 A 面紧贴固定钳口，活动钳口与 C 面之间通过圆棒夹紧。

③ 以 B 面为侧面基准，A 面为底面基准，铣削 C 面与 A 面的平行度误差在 0.05mm 之内。

（6）预检，精铣 A、B、C、D 面

① 预检的内容主要是粗铣后各对应面的平行度、各相邻面的垂直度以及尺寸余量。

② 用游标卡尺或千分尺测量尺寸 60mm、70mm 的实际余量，如经过测量粗铣后实际尺寸为 61.05 ~ 61.07mm、71.08 ~ 71.12mm。

③ 用刀口形直尺测量各面的平面度，用 90°角尺测量相邻面的垂直度。实际误差值范围可用 0.05mm 厚度的塞尺判断，若 0.05mm 的塞尺均不能通过缝隙，则误差值均在 0.05mm 范围内。

④ 换装细齿圆柱铣刀，按精铣的铣削用量调整主轴转速和进给量。

⑤ 按粗铣步骤依次精铣平面 A、B、C、D。对应面第一面铣削层深度约为 0.3mm，第二面铣削时以尺寸公差为依据，确定铣削余量。

（7）粗铣端面 E、F

① 换装套式面铣刀，安装后注意铣刀的端面跳动误差。

② 松开虎钳上体与转盘底座的紧固螺母，将虎钳水平回转90°，略紧紧固螺母后，用百分表找正虎钳钳口与工作台横向进给方向平行。找正虎钳的方法如图 2-7（a）所示。找正时，注意防止百分表座和连接杆的松动，影响找正精度，若不慎将百分表跌落，会造成百分表的损坏。进行找正操作时，先将百分表测头与固定钳口长度方向的中部接触，然后横向移动，根据示值误差微量调整回转角度，直至钳口与横向平行。同时，移动垂向，可以校核固定钳口与工作台面的垂直度误差。当工件垂直度要求不高时，也可采用划针和90°角尺找正，如图 2-7（b）、图 2-7（c）所示。

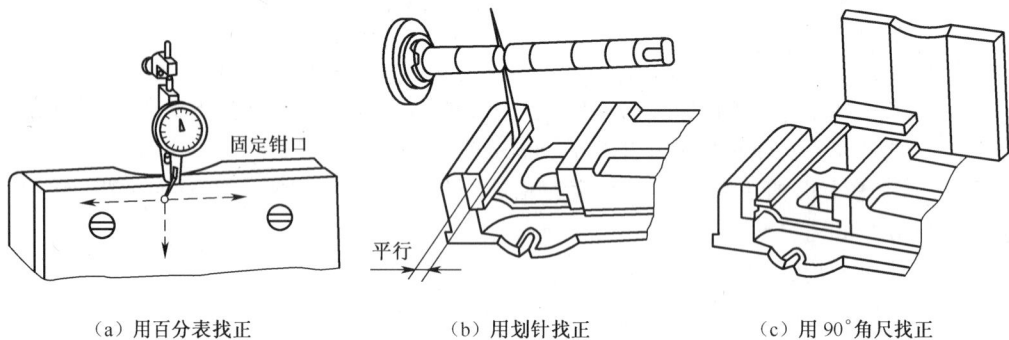

(a) 用百分表找正　　　　　　(b) 用划针找正　　　　　　(c) 用90°角尺找正

图 2-7　找正虎钳方法

③ 以 A 面和 B 面为基准装夹工件，靠近铣刀一端伸出的部分尽可能少，只要能铣除余量即可。粗铣 E、F 面，单面铣除余量为 3.5mm，垂直度在 0.05mm 之内。

（8）预检、精铣各面

① 预检端面的垂直度及尺寸余量。

② 检查套式面铣刀的刀尖质量。

③ 对刀，精铣一侧端面，铣除余量 0.3mm。

④ 掉头装夹工件，重新对刀，根据尺寸余量，精铣另一端面达到尺寸精度要求。

3. 端面铣削中应注意的问题

① 用虎钳装夹工件铣削端面，与侧面基准的垂直度主要取决于虎钳固定钳口的找正精度。因此，固定钳口与工作台横向的平行度误差应在 0.02mm 之内。与底面基准的垂直度取决于工件安装的精度，因为端面铣削时工件下方是悬空的，若安装时底面基准与工件台面不平行或在铣削中微量向下转动，都会使垂直度误差增大。

② 在万能卧式铣床上铣削端面，若由于工作台回转盘的零位未对准，使铣床的主轴与纵向进给方向不垂直，会使铣出的平面出现中间凹陷，引起平面误差。

③ 铣削端面时，铣刀旋转方向、进给方向和虎钳的安装位置，会影响切削力的指向。铣削时，应使纵向切削分力指向固定钳口，垂向分力向下，即都应使工件靠向定位面。如图 2-8（a）所示，用虎钳装夹工件铣削端面，垂直分力向下是正确的，而纵向分力指向活动钳口不够合理。图 2-8（b）所示是用压板和辅助侧面定位装夹工件进行装夹，铣削分力均使工件靠向定位面，因此装夹是合理的。

4. 质量检验分析

（1）长条状矩形工件的检验

① 用千分尺和游标卡尺测量平行面之间的尺寸应在 199.71 ~ 200.00mm、69.81 ~ 70.00mm、59.905 ~ 60.095mm 范围内，但因平行度公差为 0.05mm，因此用千分尺测得的尺寸最大偏差应在 0.05mm 内。

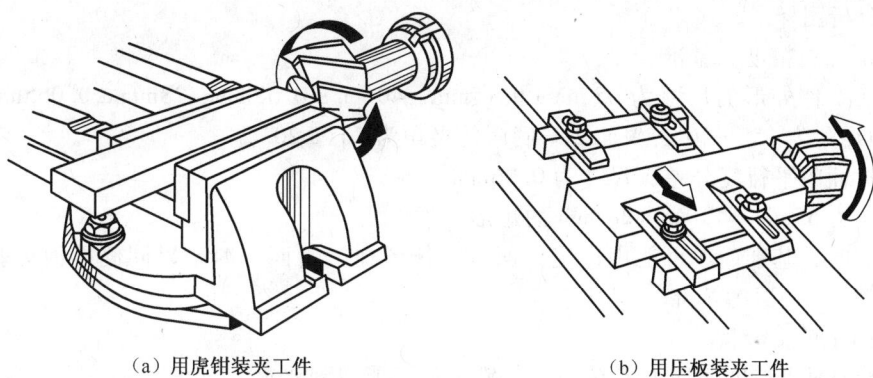

(a) 用虎钳装夹工件   (b) 用压板装夹工件

图 2-8 较长工件端面铣削位置和方向

② 用刀口形直尺测量侧面与端面的平面度时，各个方向的直线度均应在 0.05mm 范围内。

③ 用 90°角度尺测量相邻面垂直度时，应以 0.05mm 厚度的塞尺不能塞入缝隙为合格。用 90°角度尺测量端面垂直度时，应将工件侧面和底面基准与标准平板贴合，然后将尺座与平板贴合，用尺身测量端面，塞尺判断用垂直度误差值。

④ 通过目测类比法进行表面粗糙度的检验。本任务四侧平面由圆柱铣刀铣削，端面由套式面铣刀铣削，表面粗糙度值应在 $R_a3.2\mu m$ 以内。

（2）铣削长条状矩形工件的质量分析

① 平面度超差的主要原因是圆柱铣刀圆柱度不好和铣床主轴与工作台纵向进给方向不垂直。

② 平行度较差与尺寸超差的原因与平行面铣削分析类似。

③ 垂直度较差的原因与垂直度铣削质量分析类似。本任务在卧式铣床上铣削矩形工件，圆柱铣刀由锥度、虎钳精度和找正精度差、工件安装精度差、预测误差大等因素造成垂直度误差。

任务四 调整主轴角度铣削斜面

在立式铣床上用主轴倾斜铣削斜面，工件如图 2-9 所示。

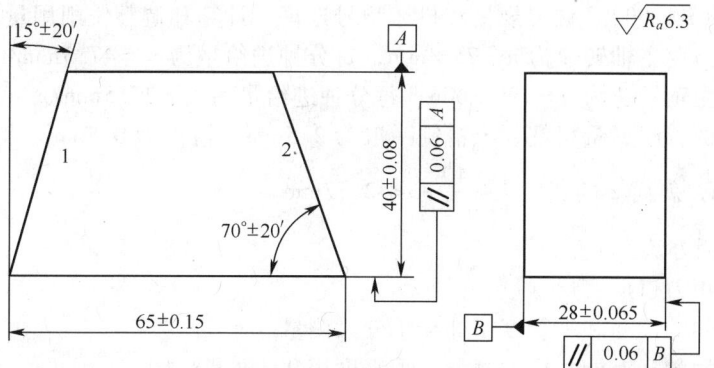

图 2-9 斜面工件

1. 工艺准备

在立式铣床上铣削图 2-9 所示斜面工件，须按以下步骤进行工艺准备。

（1）分析图样

① 分析加工精度和基准

a. 斜面工件外形的尺寸为 65mm ± 0.15mm、40mm ± 0.08mm、28mm ± 0.065mm。斜面 1 与端面的夹角为 15° ± 20′，斜面 2 与底面的夹角为 70° ± 20′。

b. 相对面的平行度公差为尺寸为 0.06mm。

c. 毛坯为 65mm × 40mm × 28mm 的矩形工件。

d. 加工时，基准面尽可能用作定位面，本任务加工斜面 1 时，以同侧端面为基准；铣削斜面 2 时，以底面为基准。

② 表面粗糙度分析

工件各表面粗糙度值均为 $R_a 6.3 \mu m$，铣削加工能达到要求。

③ 材料分析

工件材料为 HT200，切削性能较好，可选用高速钢铣刀。

④ 形状分析

矩形工件，可采用机用平口虎钳装夹。

（2）选择铣床

选用 X5032 型立式铣床。

（3）选择装夹方式

选用 Q12160 型平口虎钳，钳口宽度为 160mm，钳口最大张开度为 125mm，钳口高度为 50mm。

（4）选择刀具

根据图样给定的斜面宽度尺寸选择铣刀规格，现选用外径为 63mm 的套式面铣刀和外径 32mm 的锥柄立铣刀，分别铣削斜面 1 和斜面 2。

（5）确定加工过程

根据图 2-9 所示的精度要求，本任务在立式铣床调整主轴角度铣削加工斜面，工件加工的工序过程为：坯件检验→安装、找正机用平口虎钳→装夹工件→安装面铣刀→调整立铣头角度→粗、精铣斜面 1→重新装夹工件→换装立铣刀→调整立铣头角度→粗、精铣斜面 2→质量检验。

（6）选择铣削用量

按工件材料（HT200）、铣刀规格和机床型号选择、计算和调整铣削用量。

① 套式面铣刀取主轴转速为 $n = 75 r/min$，每分钟进给量为 $v_f = 47.5 mm/min$。

② 立铣刀取主轴转速为 $n = 190 r/min$，每分钟进给量为 $v_f = 37.5 mm/min$。

③ 斜面铣削的背吃刀量粗铣、半精铣一般为 2.5mm，精铣为 0.5mm。斜面 1 的宽度为 $\frac{40}{\cos 15°} \approx 41.41 mm$，斜面 2 的宽度为 $\frac{40}{\cos 20°} \approx 42.57 mm$。

（7）选择检测方法

① 平面度采用刀口形直尺测量。

② 平行面之间的尺寸和平行度用外径千分尺测量。

③ 斜面角度用游标万能角度尺测量，垂直度用 90° 角尺检验。

④ 表面粗糙度采用目测样板类比检验。

2. 工件加工

（1）坯件检验

① 用游标卡尺检验坯件的尺寸，如测得预制件基本尺寸 65mm × 40mm × 28mm。

② 综合考虑平面的粗糙度、平面度和相邻面的垂直度，在两个 65mm × 28mm 与 40mm × 28mm 的平面中各选择一个作为基准平面。

（2）安装、找正机用虎钳

将虎钳安装在工件台中间的 T 形槽内，安装时注意底面与工作台面之间的清洁。用百分表找正虎钳固定钳口与工作台纵向平行。

（3）装夹工件

铣削斜面 1 时，采用主轴倾斜端铣法，工件以侧面和端面为基准装夹；在工件下面衬垫平行垫块，其高度使工件上平面高于钳口 15mm（40 × tan15° ≈ 10.72mm），并找正工件端面与工作台面平行，如图 2-10（a）所示。铣削斜面 2 时，采用主轴倾斜周铣法，工件以侧面和底面为基准装夹，工件相对钳口的高度和端面外伸的长度以保证斜面铣削位置线在钳口之外，并找正工件底面基准与工作台面平行，如图 2-10（b）所示。

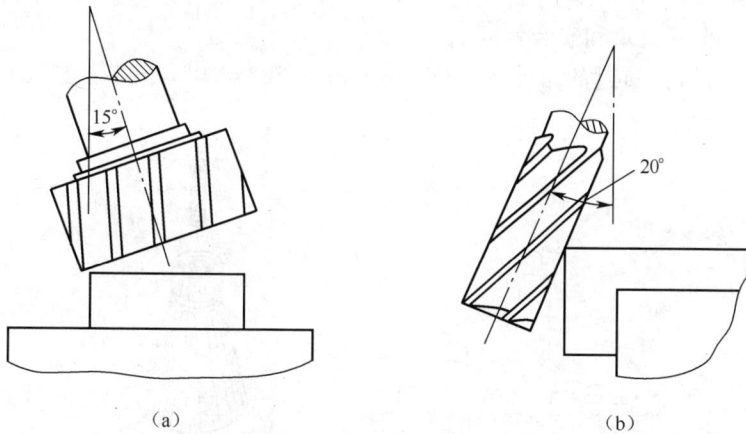

（a）　　　　　　　　　　　　　　（b）

图 2-10　斜面铣削的方法

（4）铣削斜面 1

① 调整立铣头倾斜角和安装铣刀。

立铣头转过的角度等于斜面夹角，即 $\alpha = \theta$，立铣头倾斜角调整的操作方法如下（如图 2-11 所示）。

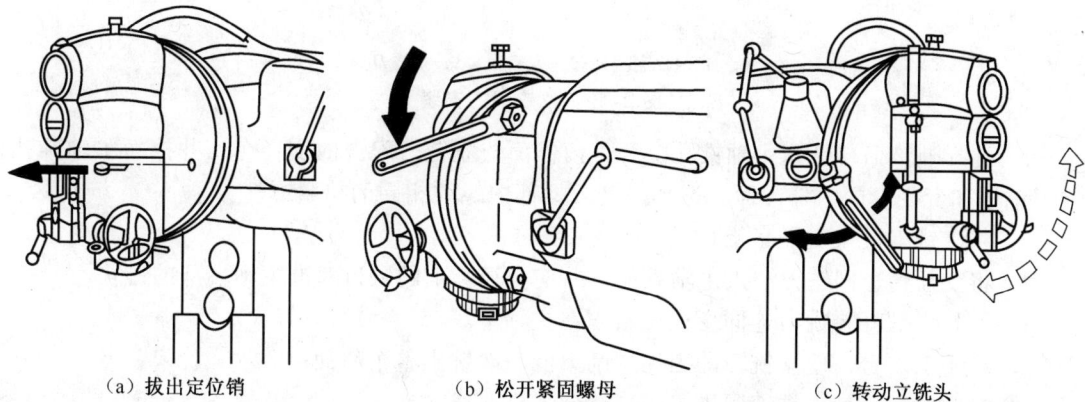

（a）拔出定位销　　　　（b）松开紧固螺母　　　　（c）转动立铣头

图 2-11　立铣头的调整

a. 用扳手顺时针旋拧立铣头右面的定位销顶端的六角螺母，拔出定位销，如图 2-11（a）所示。

b. 松开立铣头回转盘的 4 个紧固螺母，如图 2-11（b）所示。

c. 根据转角要求，转动立铣头回转盘左侧的齿轮轴，如图 2-11（c）所示，按回转盘刻度逆时针转过 15°。

d. 按对角顺序逐步紧固 4 个回转盘螺母，紧固后应观察零线与刻度的位置复核立铣头的倾斜角度。

调整立铣头倾斜角后，安装套式面铣刀，具体方法与铣平面时相同。

② 对刀，调整工作台，目测铣刀轴线处于斜面的中间，紧固工作台纵向，垂向对刀使铣刀端面刃恰好擦到工件尖角最高点。

③ 按斜面 1 的铣削余量（$40 \times \sin 15° \approx 10.35\text{mm}$）分两次调整铣削层深度，第一次为 5mm，第二次为 4mm，横向机动进给粗铣斜面 1。

④ 垂向上升 1mm 左右，精铣斜面 1，使斜面与侧面的交线位置与原交线重合。

（5）铣削斜面 2

① 调整立铣头倾斜角和安装铣刀

立铣头逆时针方向转过的角度 $\alpha = 90° - \theta = 90° - 70° = 20°$。安装立铣刀的具体操作步骤如下（如图 2-12 所示）。

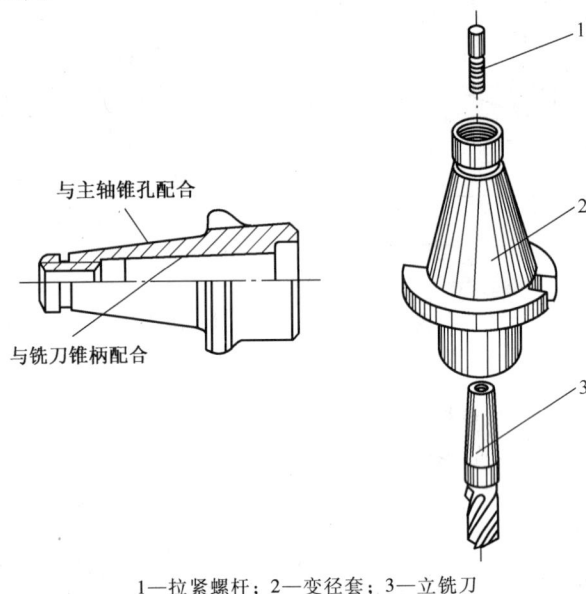

1—拉紧螺杆；2—变径套；3—立铣刀

图 2-12 立铣刀的安装

a. 选择外锥面与铣床主轴锥孔配合，内锥面与立铣刀配合的变径套，并擦净主轴锥孔、铣刀锥柄和变径套的内外锥面。选择与铣刀柄部内螺纹相同的拉紧螺杆。

b. 将立铣刀装入变径套锥孔。

c. 将变径套边同铣刀装入主轴锥孔，并使变径套上的缺口对准主轴端部的键块。

d. 用拉紧螺杆将铣刀连同变径套紧固在主轴上。

② 调整工作台，使立铣刀的圆周切削刃能一次铣出整个斜面。

③ 纵向对刀，使立铣刀圆周刃刚好擦到工作交线。

④ 按斜面铣削余量（$40 \times \tan 20° \approx 14.56\text{mm}$）分 3 次纵向调整铣削层深度。第一次为 5mm，第二次为 4.5mm，第三次为 3.5mm，横向进给粗铣斜面 2，铣削时注意紧固工作台纵向。

⑤ 根据交线的位置和余量，纵向移动 1mm 左右，精铣斜面 2，使交线正好与原交线重合。

3. 调整主轴角度铣削斜面应注意的问题

① 铣削方式、工件斜面的角度标注与工件装夹位置、立铣头倾斜角度及其方向有密切关系。在加工时，应注意对比，以免出现组合上的错误。

② 调整立铣头角度后，斜面必须采用工作台横向进给铣削。进给的方向最好使切削分力指向固定钳口，并采用逆铣方法。

③ 铣削余量应通过计算或划线测量获得，铣削余量调整值的累计应注意将尖角对刀时的切除量估算在内，精铣时应目测与计算余量相结合，以保证斜面位置的准确性。

4. 质量检验分析

（1）斜面检验

① 用游标万能角度尺测量斜面 1 的角度误差通过基准转换测量，斜面 1 与底面基准的角度为 $75° \pm 20'$。斜面 2 与底面基准的角度为 $70° \pm 20'$。测量时，将测量面之间的角度调整到与工件相同角度，即角度尺测量面与工件斜面、基准面贴合，然后将游标尺的读数与图样要求比较，确定斜面加工的角度误差。

② 斜面的位置测量时，本任务只须用游标卡尺测量尺寸 65 ± 0.15mm 是否合格。

③ 用 90°角尺测量斜面与侧面垂直度时，应以 0.05mm 厚度的塞尺不能塞入缝隙为合格。

④ 通过目测类比法进行表面粗糙度的检验。本任务斜面 1 用端铣法铣成，斜面 2 用周铣法铣成。表面粗糙度值应在 $R_a 6.3 \mu m$ 以内。

（2）质量分析

① 平面度超差的主要原因是由于立铣刀圆柱度误差大和立铣头与工作台横向进给方向不垂直。

② 垂直度较差的原因可能是机用虎钳固定钳口与工作台纵向不平行、工件装夹时定位面之间有脏物等。

③ 斜面角度误差大原因可能是立铣头调整角度有误差、立铣刀圆周刃有锥度、工件基准面装夹位置不准确或铣削过程中微量位移等。

④ 表面粗糙度超差的原因可能是铣削位置调整不当、采用了不对称顺铣、铣床进给有爬行、工件装夹不够稳固引起铣削振动、铣削余量分配不合理、铣削用量选择不当等。

任务五　转动工件角度和用角度铣刀铣削斜面

转动工件角度和用角度铣刀铣削图 2-13 所示工件上的斜面。

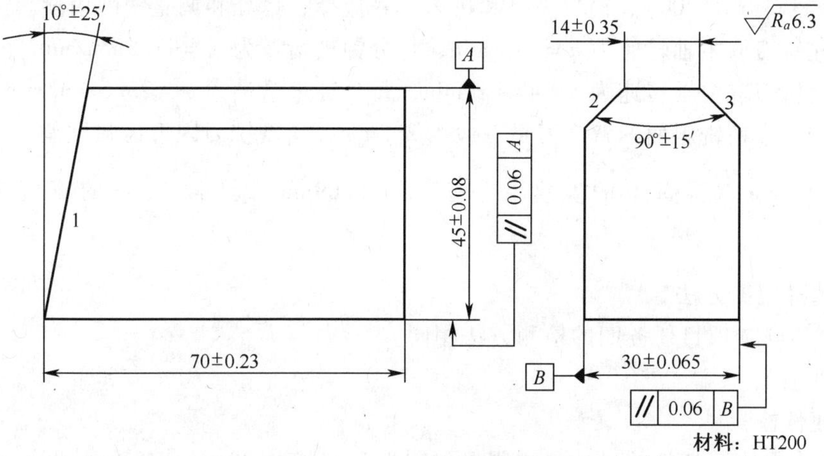

图 2-13　斜面工件图二

1. 工艺准备

铣削加工图 2-13 所示的斜面工件，须按以下步骤进行工艺准备。

（1）分析图样

① 分析加工基准和精度

a. 斜面工件外形的尺寸精度为 70mm ± 0.23mm、45mm ± 0.08mm、30mm ± 0.065mm。斜面 1 与端面的夹角为 10° ± 25′，斜面 2、3 之间的夹角为 90° ± 15′，斜面与顶面的交线之间的尺寸为 14mm ± 0.35mm。

b. 相对面的平行度公差为尺寸为 0.06mm。

c. 毛坯为 70mm × 45mm × 30 mm 的矩形工件。

d. 加工斜面 1 时，以端面侧面为基准；铣削斜面 2、3 时，以底面侧面为基准。

② 表面粗糙度分析

工件各表面粗糙度值均为 $R_a6.3\mu m$，采用铣削加工容易达到要求。

③ 材料分析

工件材料为 HT200，其切削性能较好，可选用高速钢铣刀。

④ 形状分析

对于矩形工件，可采用机用平口虎钳装夹。

（2）选择铣床

选用 X6132 型卧式铣床。

（3）选择装夹方式

选用铣床用机用平口虎钳，其型号规格为 Q12160 型平口虎钳。

（4）选择刀具

根据图样给定的斜面宽度尺寸选择铣刀规格，现选用外径为 63mm、长度为 80mm 的圆柱铣刀和外径 75mm 的 45°单角度铣刀分别铣削斜面 1 和斜面 2、3。

（5）确定加工过程

在卧式铣床上采用工件转动角度和用角度铣刀铣削加工斜面零件，其加工过程为：坯件检验→安装、找正机用平口虎钳→装夹、找正工件→安装圆柱铣刀→粗、精铣斜面 1→调整虎钳固定钳口位置→换装角度铣刀→粗、精铣斜面 2、3→质量检验。

（6）选择铣削用量

按工件材料（HT200）、铣刀规格和机床型号选择、计算和调整铣削用量。

① 圆柱铣刀取主轴转速为 $n = 75r/min$，每分钟进给量为 $v_f = 47.5mm/min$。

② 角度铣刀取主轴转速为 $n = 47.5r/min$，每分钟进给量为 $v_f = 23.5mm/min$。

③ 粗铣、半精铣斜面的背吃刀量一般为 2.5mm，角度铣刀因刀齿强度差，可再小一些，精铣时为 0.5mm。斜面 1 的宽度为 $\frac{45}{\cos10°} \approx 45.69mm$，斜面 2、3 的宽度为 $\frac{30-14}{2\cos45°} \approx 11.31mm$。

（7）选择检测方法

检测方法与本项目任务四的检测方法相同。

2. 工件加工

（1）坯件检验

用游标卡尺检验坯件的尺寸，如测得预制件基本尺寸 70mm × 45mm × 30mm，两侧面平行度误差为 0.06mm。

（2）安装、找正机用虎钳

将虎钳安装在工件台中间的 T 形槽内，铣削斜面 1 时，用百分表找正虎钳固定钳口与工作台横向平行，铣削斜面 2、3 时，找正虎钳固定钳口与工作台纵向平行。

（3）划线

在工件侧表面划出斜面参照线，划线方法如图 2-14 所示。

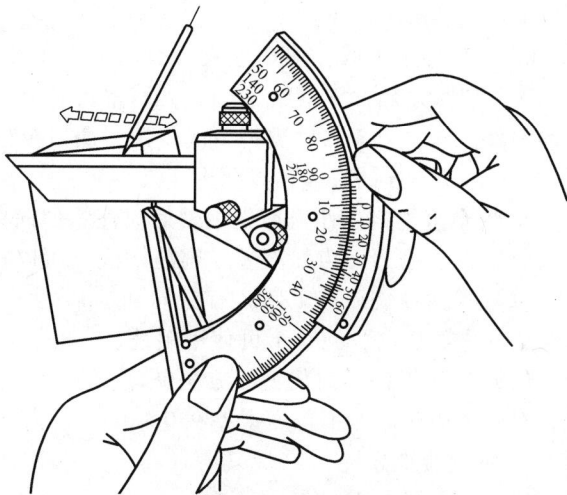

（4）装夹工件

铣削斜面 1 时，采用工件倾斜周铣法，工件以侧面为基准装夹，用划针找正斜面划线，并使工件斜面加工位置高于钳口 5～10mm。铣削斜面 2、3 时，采用角度铣刀铣削，工件以侧面和底面为基准装夹，工件顶面高于钳口 15mm，以保证斜面铣削位置线在钳口之外。

（5）安装铣刀

① 铣削斜面 1 时，安装圆柱铣刀。

图 2-14　划斜面参照线

② 铣削斜面 2、3 时，安装单角度铣刀。安装时应注意铣刀的切削刃方向。

（6）铣削斜面 1

① 对刀，调整工作台，目测使斜面处于圆柱铣刀长度的中间，紧固工作台横向，垂向对刀使铣刀圆周刃刚好擦到工件尖角最高点。

② 按斜面 1 的铣除余量（$45\sin10° \approx 7.81$mm）分两次调整铣削层深度，第一次为 4mm，第二次为 3mm，纵向机动进给粗铣斜面 1。

③ 检查斜面夹角，合格后垂向上升 1mm 左右，精铣斜面 1，使斜面与侧面的交线位置与原交线重合。

（7）铣削斜面 2、3

① 换装单角度铣刀，调整工作台，使角度铣刀的锥面切削刃能一次铣出整个斜面，如图 2-15（a）所示。

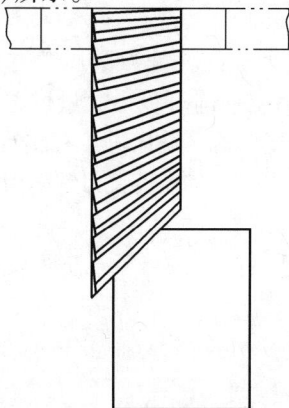

（a）铣斜面 2

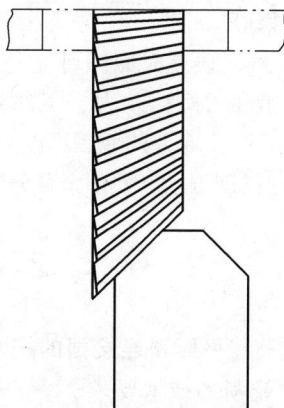

（b）铣斜面 3

图 2-15　用单角铣刀铣斜面

② 横向对刀，使角度铣刀柱面刃刚好擦到工件交线。

③ 按斜面铣除 8mm 的余量分两次横向调整铣削层深度，第一次为 4mm，第二次为 3.5mm，纵向进给粗铣斜面 2，铣削时注意紧固工作台横向。

④ 根据交线的位置和余量，横向移动 0.5mm 左右，精铣斜面 2，使斜面与顶面交线距离同侧侧面 8mm。

⑤ 将工件水平回转 180°装夹，此时斜面 3 处于精铣位置，如图 2-15（b）所示。铣削斜面 3 可以重复斜面 2 的铣削步骤，即重新对刀、粗铣、精铣；也可以不重新对刀，参照横向的刻度，先退刀，然后进行两次粗铣，最后根据图样标注的尺寸微量调整横向位置，铣削斜面 3，达到图样的尺寸精度要求。

3. 用角度铣刀工件换面铣削斜面应注意的问题

（1）角度铣刀刀齿强度差、容屑槽浅，所以在铣削时应注意采用较小的铣削用量。

（2）单角度铣刀在工作时有左切和右切之分，因此，安装和使用时应注意铣刀旋转方向和工件进给方向，绝对不可使用顺铣。

（3）使用工件换面装夹的方法铣削两侧对称的斜面时，应注意预检两侧面的平行度误差，本任务中两侧面平行度误差在 0.06mm 以内，所以对两侧的 45°斜面进行加工可行。

4. 质量检验分析

（1）斜面的检验

① 用游标万能角度尺测量斜面 1 的角度误差通过基准转换测量，斜面 1 与底面基准的角度为 80°±25′，斜面 2 与 3 的角度为 90°±15′。

② 斜面的位置测量时，本任务只须用游标卡尺测量尺寸 70mm±0.23mm 和 14mm±0.35mm 是否合格。

③ 用 90°角尺测量斜面 1 与侧面，斜面 2、3 与端面垂直度时，应以 0.05mm 厚度的塞尺不能塞入缝隙为合格。

④ 通过目测类比法进行表面粗糙度的检验。本任务斜面用周铣法铣成，表面粗糙度值应在 $R_a6.3\mu m$ 以内。

（2）质量分析

① 平面度超差的主要原因是圆柱铣刀圆柱度误差大或角度铣刀锥面刃直线度误差大、工件装夹位置变动等。

② 垂直度较差的原因可能是机用虎钳固定钳口与工作台纵向不平行、工件装夹时定位面之间有脏物等。

③ 斜面角度误差大原因可能是工件划线和找正误差大、圆柱铣刀圆周刃有锥度、角度铣刀角度选错和刃磨误差大、工件基准面装夹位置不准确或铣削过程中微量位移等。

④ 表面粗糙度超差的原因可能是铣削位置调整不当有接刀痕、铣床进给有爬行、工件装夹不够稳固引起铣削振动、铣削余量分配不合理、铣削用量选择不当、角度铣刀铣削用量过大等。

2.2 项目基本知识

知识点一 平面和连接面的技术要求

1. 平面铣削的技术要求

在各个方向上都成直线的面称为平面。平面是机械零件的基本表面之一。平面铣削的技术要求包括平面度和表面粗糙度，还常包括相关毛坯面加工余量的尺寸要求，如图 2-16 所示。

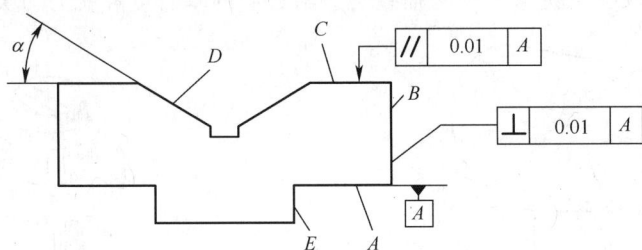

图 2-16 各平面示意图

2. 平行面铣削的技术要求

与基准平面或直线平行的平面称为平行面。平行面铣削的技术要求包括平面度、平行度和表面粗糙度，还包括平行面与基准面的尺寸精度要求。

3. 垂直面铣削的技术要求

与基准平面或直线垂直的平面称为垂直面。垂直面铣削的技术要求包括平面度、垂直度、和表面粗糙度，还常包括垂直面与其他基准面的尺寸精度要求。

4. 斜面铣削的技术要求

与基准平面或直线成不等于 90° 的倾斜夹角的平面称为斜面。斜面铣削的技术要求包括平面度、夹角要求和表面粗糙度。

5. 连接面铣削的技术要求

连接面是指相互交接的平面，这些平面可以相互平行、垂直或形成任意的倾斜角。连接面铣削的技术要求包括平面、平行面、垂直面和斜面的所有技术要求，此外还有连接面质量要求，如正棱柱的棱边直线度要求、等分要求等。

知识点二　平面和连接面的铣削特点

在铣床上用铣刀铣削平面和连接面有以下显著特点。

① 运用工件装夹方法、铣刀、铣床和铣削方式的不同组合，可以加工各种形状零件上的平面和连接面。如：在立式铣床上用面铣刀加工垂直面和平行面；在龙门铣床上用两个立铣头安装面铣刀同时铣削斜面或垂直面；采用工件转动一定角度铣削斜面；倾斜立铣头铣削平面。

② 利用铣刀的形状精度，可直接控制平面和连接面的加工质量。如：在卧式铣床上用三面刃铣刀可以直接铣削相互平行且与底面垂直的矩形连接面；用 45° 单角铣刀可以直接加工与水平基准面成 45° 夹角的斜面。

③ 合理选择铣刀的几何角度和铣削用量，可以加工较高精度的平面和连接面，并具有较高的切削加工效率。

知识点三　平面铣削的基本方式

1. 周边铣削与端面铣削

（1）周边铣削

如图 2-17 所示，周边铣削又称圆周铣削，简称周铣，是指用铣刀的圆周切削刃进行的铣削。铣削平面利用的是分布在圆柱面上的切削刃，用周铣法加工而成的平面，其平面度和表面粗糙度主要取决于铣刀的圆柱度和铣刀刃口的修磨质量。

（2）端面铣削

端面铣削如图 2-18 所示，简称端铣，是指用铣刀端面上的切削刃进行的铣削。铣削平面利用的是铣刀端面上的刀尖（或端面修光切削刃），用端铣法加工而成的平面，其平面度和表面粗糙度主要取决于铣床主轴的轴线与进给方向的垂直度和铣刀刀尖部分的刃磨质量。

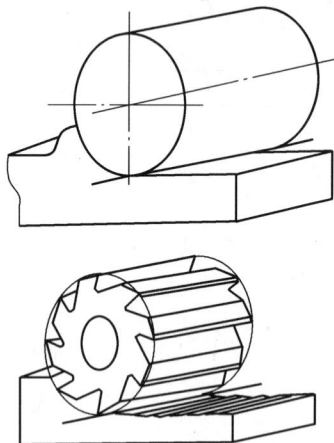

图 2-17 周边铣削

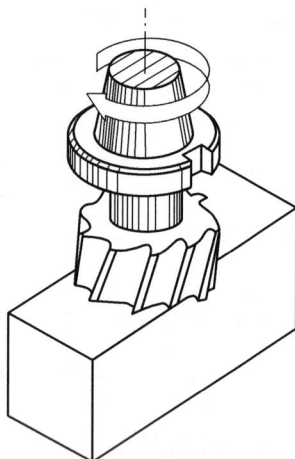

图 2-18 端面铣削

（3）周铣和端铣的对比

表 2-1 对周边铣削和端面铣削的特点进行了对比分析。

表 2-1　　　　　　　　　　　　周边铣削和端面铣削的对比

比较内容	周边铣削	端面铣削
铣削层深度	可很大，必要时可超过 20mm	由于受切削刃长度的限制，不能很深，一般在 20mm 以内
铣削层宽度	圆柱铣刀的长度不太长（最长为 160mm），铣削层宽度一般小于 160mm	面铣刀的直径可做的很大，铣削宽度可很宽（目前有直径大于 600mm 的面铣刀）
进给量	同时参加切削的齿数少，刀轴刚性差，进给量较小	同时参加切削的齿数多，进给量较大
铣削速度	刚性差，铣削速度较低	刀轴短，刚性好，铣削平稳，铣削速度较高，尤其适于高速切削
平面度	主要决定于铣刀的圆柱度，可能产生凹，也可能产生凸，对大平面还产生接刀痕	主要决定于铣床主轴与进给方向的垂直度，在整个铣刀通过时平面只可能凹，不可能凸，适宜于加工大平面
表面粗糙度	要减小表面粗糙度值，只能减少每齿进给量和每转进给量，但这样会降低生产率。增大铣刀直径也能减小表面粗糙度，但增大铣刀直径会受到一定的限度。表面粗糙度可达 $R_a 1.6\mu m$	在每齿进给量相同的条件下，铣出的表面粗糙度值要比周铣时大。但在适当减小副偏角和主偏角，以及采用修光刀刃时，则表面粗糙度会显著减小。一般比 $R_a 1.6\mu m$ 大，甚至可小于 $R_a 0.8\mu m$

2. 顺铣和逆铣

按铣刀旋转方向和工作台进给方向配合形式的不同，铣削可以分为顺铣和逆铣两种基本形式。

（1）周铣法的顺铣和逆铣

用铣刀的圆周刀刃进行铣削叫做周铣。当铣刀旋转方向和工作台进给方向相同时的铣削叫顺铣，反之叫逆铣，如图 2-19（a）所示。

周铣法的顺铣和逆铣的比较见表 2-2。

（2）端铣法的顺铣和逆铣

用铣刀的端面刀刃对着铣削宽度的铣削叫做端铣。端铣中，铣刀轴线和工件宽度中线重

（a）周铣法的顺铣和逆铣

（b）端铣法的顺铣和逆铣

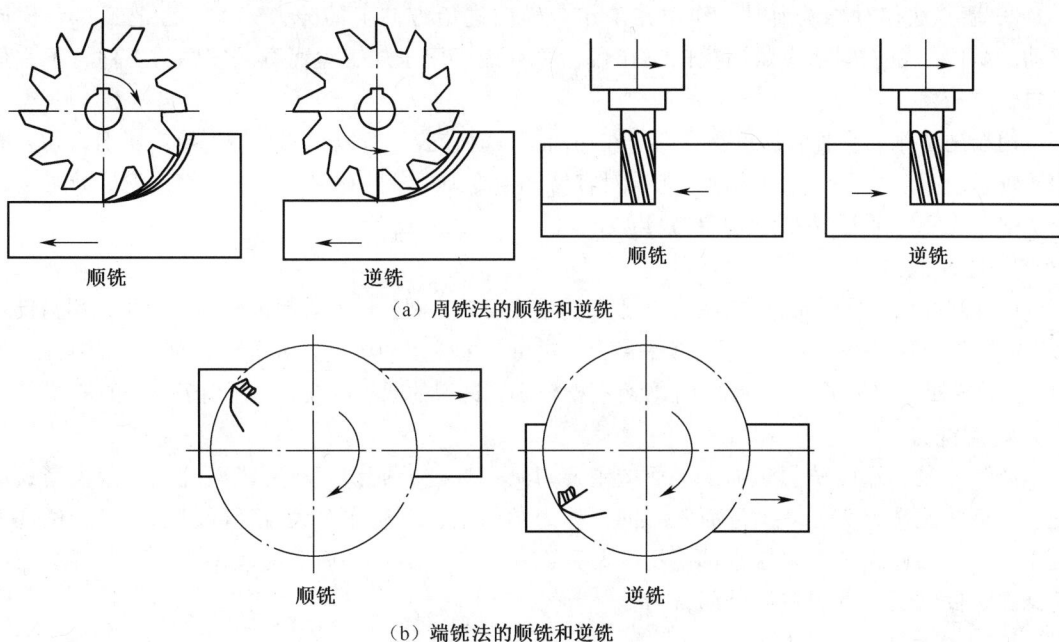

图 2-19　顺铣和逆铣

表 2-2　　　　　　　　　周铣法的顺铣和逆铣的比较

内　　容	顺　　铣	逆　　铣
刀具寿命	切屑厚度由最厚逐步减到最薄，开始切削时刀齿不会滑动，易切削金属，刀具寿命较高	切屑厚度由零逐渐增至最厚，刀齿必须在加工表面滑动一小段距离才能切入工件，这时产生强烈摩擦，加工表面硬化，切削温度升高，加快铣刀磨损
夹紧力	加工时工件受到的垂直分力指向工作台，有稳定工件作用，夹紧力可用得较小	加工时工件受到的垂直分力指向上方，使工件掀起，因此，所用的夹紧力必须加大
动力消耗	较小	较大
加工表面粗糙度	刀齿和工件没有滑动摩擦，亦没有向上切削分力引起的振动，表面粗糙度较小	刀齿和工件有滑动摩擦，加工面形成硬化层，工件受向上分力引起的周期性振动，表面粗糙度较大
对机床的要求	切削时受水平方向切削分力影响，丝杆会产生窜动，造成加工表面深啃、打刀，甚至损害机床。对机床特别是配合间隔要求较高	铣削中不会改变丝杆间隙方向，铣削平稳
对工件的要求	表面有硬皮的毛坯工件不宜采用，谨防刀齿突然切削硬皮而崩刀	表面有硬皮的工件可以加工

合的叫对称铣削，不重合的叫不对称铣削。端铣时，顺铣和逆铣同时存在，切出部分为顺铣，切入部分为逆铣。切出部分大于切入部分的不对称铣削叫做顺铣，反之称为逆铣，如图 2-19（b）所示。端铣法的顺铣和逆铣的比较如下。

①　端铣法作不对称逆铣时，切屑厚度从薄到厚，刀齿不会在工件加工表面滑移，不存在周铣法逆铣时的问题。

②　端铣法作不对称顺铣时，丝杆亦会发生窜动，拉动工件台，一般不予应用。

③ 端铣法作对称铣削时，作用在工作台横向进给方向上的分力较大，会把工作台横向拉动。所以，在铣削前应紧固横向工作台，并且最好用于加工短而宽或较厚的工件，不宜加工狭长或较薄工件。

用端铣法作顺铣时的优点是：切屑在切离工件时较薄，所以切屑容易去掉，切削刃切入时切屑较厚，不致在冷硬层中挤刮，尤其对容易产生冷硬现象的材料，如不锈钢，则更为明显。

知识点四　平面铣削的常用刀具

1. 圆柱铣刀

标准圆柱铣刀是用周边铣削法加工平面的主要刀具。圆柱铣刀有粗齿和细齿两种，粗齿圆柱铣刀螺旋角和容屑槽较大，铣削比较平稳，一次可铣去较多的余量，可用于平面粗、精加工，但刃磨比较困难；细齿圆柱铣刀螺旋角和容屑槽较小，铣刀的圆柱度较好，适用于平面的精加工。

2. 面铣刀

面铣刀是用端面铣削法加工平面的主要刀具。标准的面铣刀有套式面铣刀和镶齿套式面铣刀及可转位铣刀 3 种。镶齿面铣刀的刀体为结构钢，可制作较大直径的刀具；可转位铣刀便于使用，因此在生产中通常都使用这两种面铣刀。在加工平面宽度较小的、精度要求较高的修配零件时，可选用整体的面铣刀。

3. 平面高速铣削刀具

高速铣削是指使用硬质合金刀具以达到充分发挥刀具的切削性能和利用比高速钢刀具高得多的切削速度来提高生产效率的一种切削方法。目前端铣平面已大量采用高速铣削，常用的平面高速铣削刀具的前角及受力情况如图 2-20 所示。

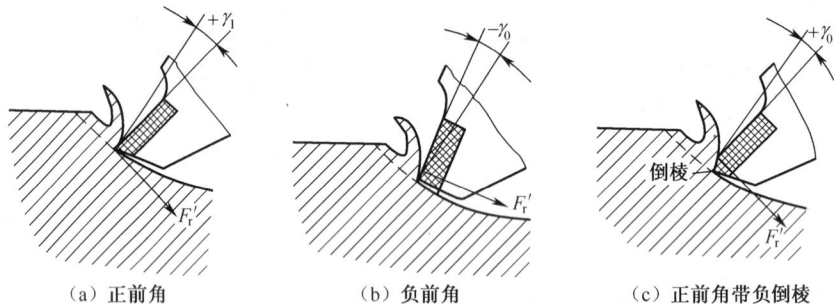

（a）正前角　　　　　　　（b）负前角　　　　　　（c）正前角带负倒棱

图 2-20　平面高速铣削刃具的前角和受力情况

（1）正前角铣刀

如图 2-20（a）所示，正前角铣刀刀刃锋利，切削力小，但切削抗力汇集在刀尖上，使脆性的硬质合金非常容易崩碎，所以正前角铣刀适用于铣削强度较低的材料和振动较小的场合。

（2）负前角铣刀

如图 2-20（b）所示，负前角铣刀在切削时不是刀尖先切入，而是前刀面先接触工件推挤金属层，而且切削抗力不是作用在刀尖上，而是作用在离开刀尖的前刀面上，从而提高了刀具的抗振能力和强度。同时负前角会加剧切屑的变形，使切削热增加而提高切削层温度，使加工处材料软化，有利于切削加工和提高表面质量。

（3）正前角带负倒棱铣刀

如图 2-20（c）所示的是正前角带负倒棱铣刀切削时的受力情况。带负倒棱的目的在于改善正前角刀具的受力情况，使正前角铣刀既能保持切削轻快，又有足够的强度。因此，当加工余量较大且机床、夹具和工件的刚度不足时，采用这种形式的刀具比较有利。

4. 平面强力铣削及刀具

强力铣削是用硬质合金刀具采用中速偏高的铣削速度，以加大进给量来提高铣削效率的一种铣削方法。端面铣削平面常采用强力铣削。图 2-21 所示为可转位平面强力铣削面铣刀，这种刀具的刀片立装在刀体槽中，刀片沿刀体圆周不等距分布，可保证在较大的进给量情况下，具有刀片利用率高、刀齿与主切削刃强度高、切削振动小和加工表面质量高等特点。另外，该刀具具有副偏角为 0°的修光切削刃，修光刃的长度一般在每齿进给量的 1.2 ~ 1.8 倍，使平面铣削获得较小的表面粗糙度。

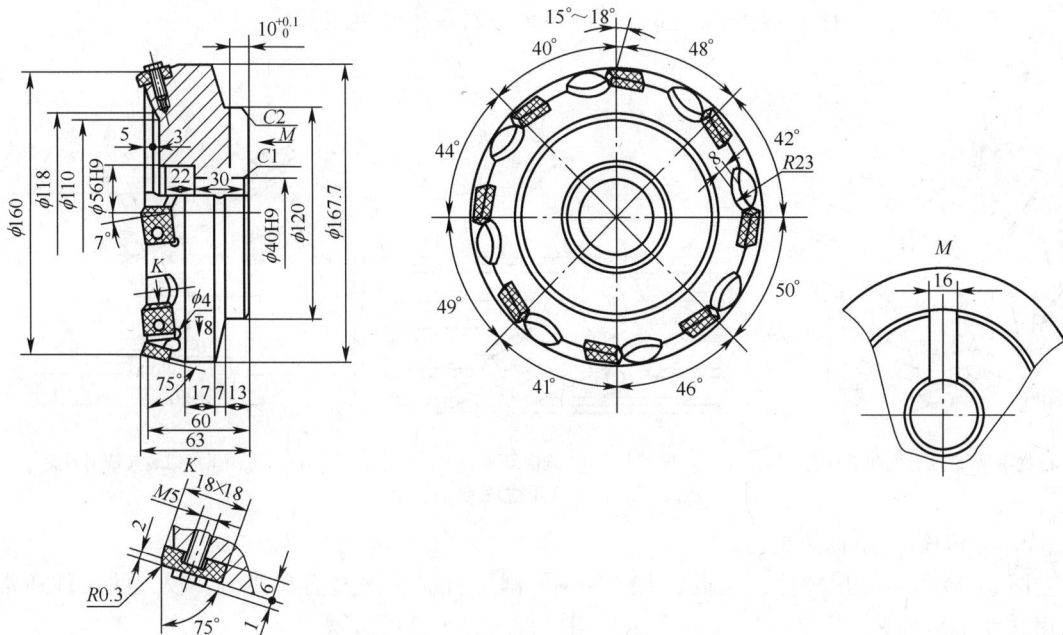

图 2-21　可转位平面强力铣削面铣刀

5. 平面阶梯铣削刀具

图 2-22 所示是阶梯铣削的示意图。这种方式的刀具一般都是体外刃磨，各刀齿相当于端面车刀，其中刀Ⅰ进行粗铣；刀Ⅱ和Ⅲ半精铣，切去工件的大部分余量；刀Ⅳ是精铣刀，

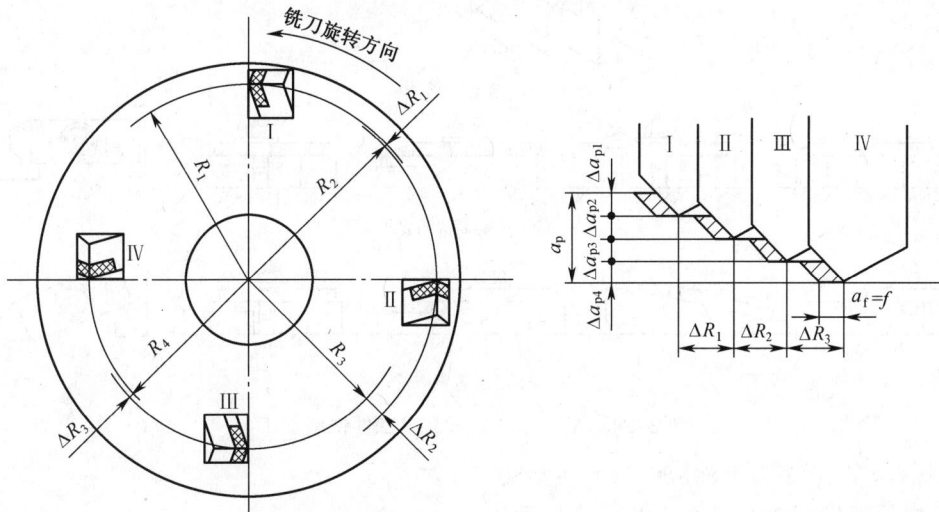

图 2-22　平面阶梯铣削

切削的余量一般是 0.5mm 左右，以保证加工面得到较小的表面粗糙度值。装刀时，应使刀 I～IV 的径向距离由大到小，ΔR 在 5～8mm，而 Δa_p 的尺寸则应根据铣削余量按粗铣、半精铣和精铣进行合理分配。

知识点五　平面和连接面铣削的工件装夹方法

1. 用机用虎钳装夹

用机用虎钳装夹工件可铣削平面、平行面、垂直面和斜面，其加工示意图如图 2-23 所示。由于受到钳口定位、夹紧面尺寸和活动钳口可移动距离的限制，这种装夹方法适用于外形尺寸不大的工件。加工斜面时，还可以使用可倾斜虎钳装夹工件。

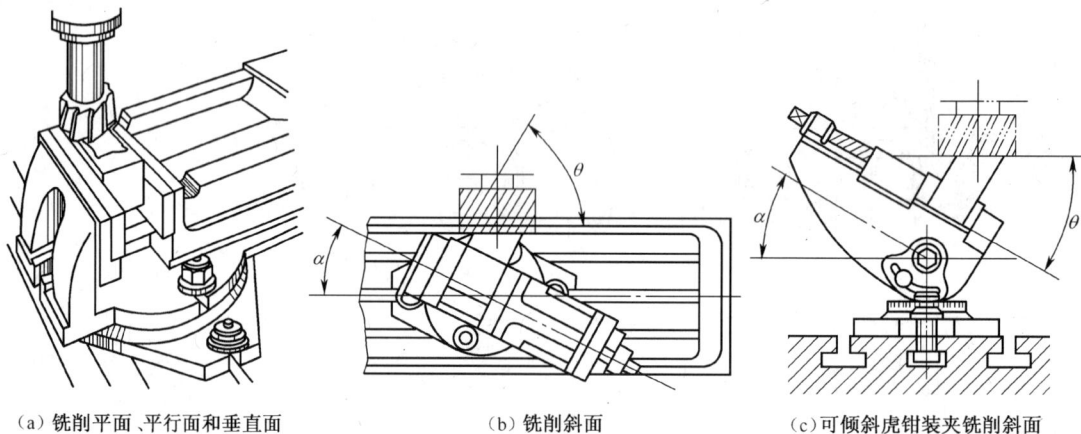

（a）铣削平面、平行面和垂直面　　（b）铣削斜面　　（c）可倾斜虎钳装夹铣削斜面

图 2-23　用机用虎钳装夹工件

2. 用螺栓、压板装夹

图 2-24 所示是用螺栓、压板装夹工件，铣削平行面、垂直面和斜面，较大的工件通常采用这种方法装夹。图 2-24（b）所示是用压板装夹工件的方法。

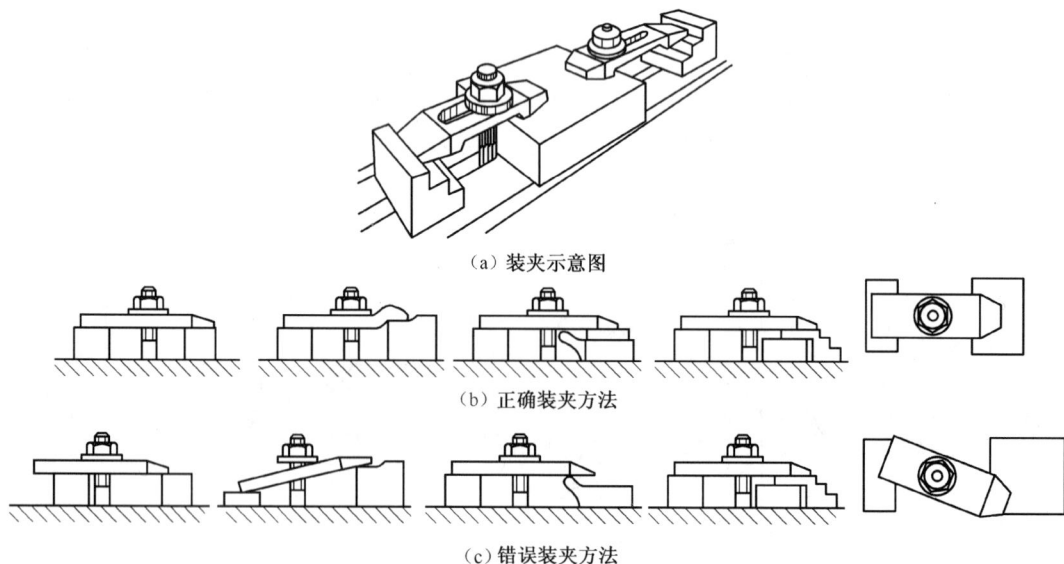

（a）装夹示意图

（b）正确装夹方法

（c）错误装夹方法

图 2-24　用螺栓、压板装夹工件铣削加工

用螺栓、压板装夹工件应注意下列要点。

① 螺栓要尽量靠近工件，以增大夹紧力。

② 压板垫块的高度应保证压板不发生倾斜，以免压板与工件接触不良，致使铣削时工件移动。

③ 压板在工件上的夹压点应尽量靠近加工部位，所用压板的数目不少于两块。使用多块压板时，应注意合理布置工件上的受压点，即工件受压处要紧固，下面不能悬空，以免受力后工件变形。

④ 夹紧力的大小要合适，以减少工件变形，一般粗加工时应大些，精加工时可小些。

⑤ 工件夹压部位是已加工的表面时，应在工件与压板之间加垫纸片或铜片。在工作台面上直接装夹毛坯工件时，应在工件和台面之间加垫纸片或铜片，以保护工作台面，并可增加工件与台面之间的摩擦力，使工件夹紧牢靠。

3. 用专用夹具或辅助定位装置装夹

在连接面工件数量较多和批量生产中，常采用辅助定位装置或专用夹具装夹工件。如铣削平行面可利用工作台的 T 形槽直槽安装定位块［如图 2-25（a）所示］；铣削垂直面常利用角铁装夹工件［如图 2-25（b）所示］；铣削斜面可利用倾斜垫块定位［如图 2-25（c）所示］；批量生产中铣削斜面用专用夹具装夹工件［如图 2-25（d）所示］。

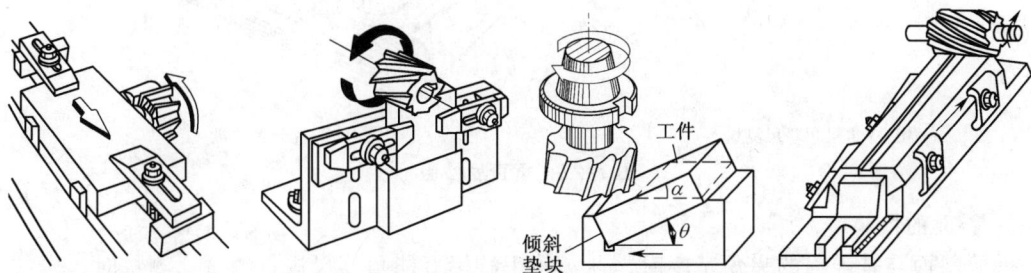

（a）用定位块定位铣平行面 （b）用角铁装夹铣垂直面 （c）用倾斜垫块定位铣削斜面 （d）用专用夹具装夹铣削斜面

图 2-25　用专用夹具或辅助定位装置装夹工件

知识点六　平面和连接面的检测方法

1. 平面度的检验

小平面的平面度的检验一般是使用刀口尺测量各个方向的直线度，如图 2-26（a）所示。如果测量的直线度都在公差范围内，则工件的平面度符合图样要求。当要测量的平面较大时，可在标准平板上用 3 个千斤顶将工件顶起，用百分表找正千斤顶上方三点等高后，测量平面上的其他任意点，如图 2-26（b）所示。如果百分表摆动量在公差范围内，则平面度符合图样要求。

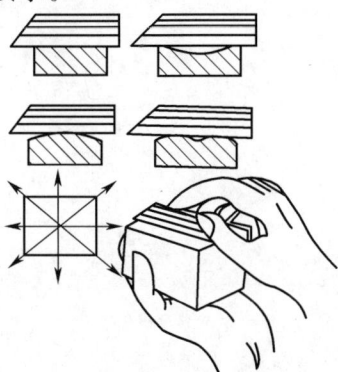

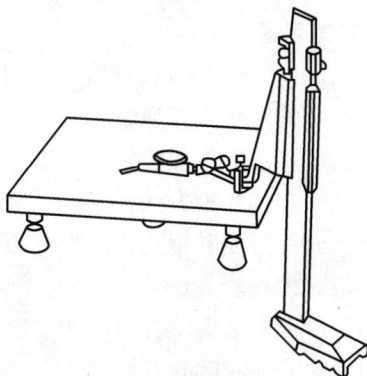

（a）用刀口形直尺测量　　　　（b）用三点定位平面原理测量

图 2-26　平面度检验

2. 平行度和垂直度的检验

平行度及尺寸精度检验通常用游标卡尺或外径千分尺测量，根据平面的大小、形状，测量时应合理确定测量点的数目和分布位置。

较小平面的垂直度检验可使用90°角尺和塞尺配合进行，如图2-27（a）所示，塞尺的厚度规格可按垂直度的公差确定。较大平面的垂直度测量，可将工件基准面与标准平板贴合，然后使用较大规格的90°角尺和塞尺配合进行测量。精度要求较高的垂直面检验，可采用图2-27（b）所示的方法测量，工件下面起垫块作用的圆柱可防止角铁倾倒，消除下平面与基准面不垂直度对测量的影响。

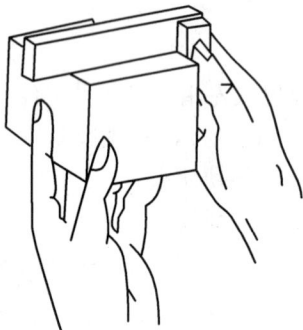

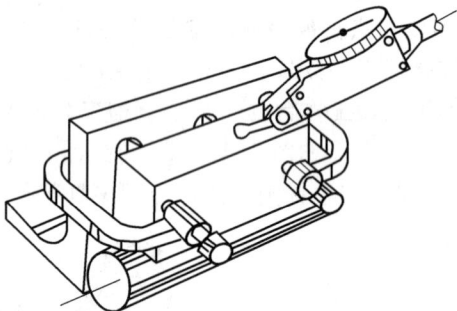

（a）用90°角尺和塞尺测量 　　　　（b）用角铁和百分表测量

图2-27　垂直度检验

3. 斜面的检验

检验斜面与基准面的夹角精度时，通常使用游标万能角度尺进行测量。测量时，先将游标万能角度尺的底边紧贴工件的基准面，然后把直尺调整到紧贴工件斜面，若角度尺的游标读数值在图样要求的公差范围内，则斜面的倾斜角度合格。对精度要求较高的斜面和角度较小的斜面，一般都用正弦规、量块和百分表配合进行测量。

4. 表面粗糙度的检验

表面粗糙度通常是与样板目测比照进行检验的。比照时应选择与加工表面切削纹路一致，且表面粗糙度值符合图样要求的表面粗糙度样板。

项目学习评价

一、思考练习题

1. 什么叫端面铣削？什么叫周边铣削？
2. 什么叫顺铣？什么叫逆铣？
3. 简述铣削矩形工件的步骤。
4. 斜面铣削有哪几种方法？
5. 影响平面平行度和垂直度的主要因素有哪些？
6. 试述斜面的检验方法。
7. 机用平口虎钳装夹工件时应注意哪些问题？
8. 斜面铣削方法有哪几种？
9. 什么是对称铣削、不对称铣削、不对称顺铣？

二、自我评价、小组互评及教师评价

评价内容		自我评价	小组互评	教师评价
技能	用周铣法加工平面和平行面	掌握( )模仿( )不会( )	掌握( )模仿( )不会( )	掌握( )模仿( )不会( )
	用端铣法加工平面和垂直面	掌握( )模仿( )不会( )	掌握( )模仿( )不会( )	掌握( )模仿( )不会( )
	在卧式铣床上加工长条状矩形工件	掌握( )模仿( )不会( )	掌握( )模仿( )不会( )	掌握( )模仿( )不会( )
	调整主轴角度铣削斜面	掌握( )模仿( )不会( )	掌握( )模仿( )不会( )	掌握( )模仿( )不会( )
	转动工件角度和用角度铣刀铣削斜面	掌握( )模仿( )不会( )	掌握( )模仿( )不会( )	掌握( )模仿( )不会( )
知识	平面和连接面的技术要求	应用( )理解( )不懂( )	应用( )理解( )不懂( )	应用( )理解( )不懂( )
	平面和连接面的铣削特点	应用( )理解( )不懂( )	应用( )理解( )不懂( )	应用( )理解( )不懂( )
	平面铣削的基本方式	应用( )理解( )不懂( )	应用( )理解( )不懂( )	应用( )理解( )不懂( )
	平面铣削的常用刀具	应用( )理解( )不懂( )	应用( )理解( )不懂( )	应用( )理解( )不懂( )
	平面和连接面铣削的工件装夹方法	应用( )理解( )不懂( )	应用( )理解( )不懂( )	应用( )理解( )不懂( )
	平面和连接面的检测方法	应用( )理解( )不懂( )	应用( )理解( )不懂( )	应用( )理解( )不懂( )
简单评语				

三、个人学习小结

从学习的过程、技能练习提高、知识领会感悟、操作体验、需要提高之处、希望改进及对教学的建议等方面写出一份不少于 300 字的项目报告。

项目三 台阶、沟槽的铣削和切断

带台阶和直角沟槽的工件很多，如图3-1所示，所以在铣床上铣削台阶和直角沟槽是铣工经常要做的工作。另外，小型和较薄工件的切断也多在铣床上进行。沟槽在各种夹具和机床导轨中应用非常广泛。

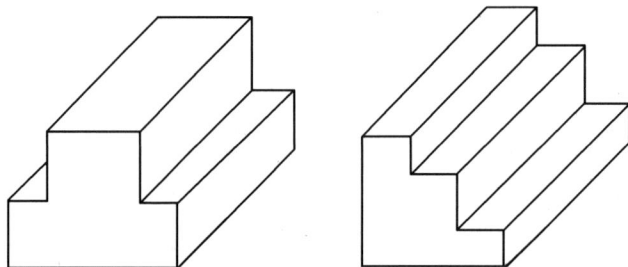

图3-1 台阶工件

项目学习目标

（1）技能目标

① 掌握台阶、沟槽的铣削方法和在铣床上切断及窄槽的铣削方法。

② 能根据加工内容选用合适的铣刀并正确安装。

③ 能正确安装通用夹具，合理规范使用工量具。

（2）知识目标

① 了解台阶、沟槽的铣削技术要求。

② 掌握直角沟槽的测量和质量分析。

③ 合理选用切削用量。

项目基本功

3.1 项目基本技能

任务一 双台阶零件加工

铣削加工图3-2所示的双台阶零件。

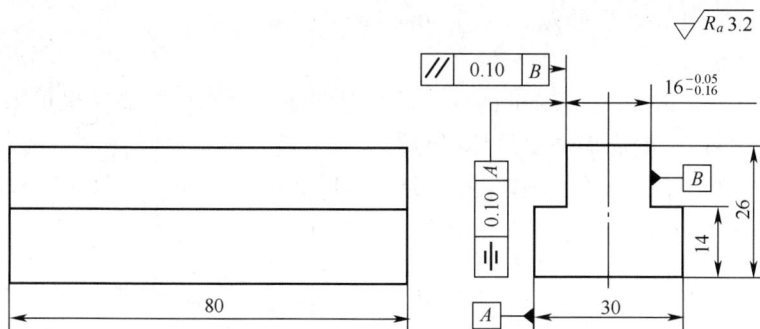

图 3-2 双台阶零件

1. 工艺准备

铣削图 3-2 所示双台阶零件时，须按以下步骤进行工艺准备。

（1）分析图样

① 加工精度分析

a. 台阶的宽度尺寸为 $16_{-0.16}^{-0.05}$ mm，台阶底面高度尺寸为 14mm。

b. 台阶两侧面的平行度公差为 0.10mm，对外形宽度 30mm 的对称度公差为 0.10mm。

c. 毛坯为 80mm×30mm×26mm 的矩形工件，台阶在全长贯通。

② 表面粗糙度分析

工件各表面粗糙度值均为 R_a3.2μm，铣削加工比较容易达到要求。

③ 材料分析

45# 钢的切削性能较好，加工时可选用高速钢铣刀，并加注切削液。

④ 形状分析

矩形工件，侧面定位与夹紧面积为 14mm×80mm，宜采用机用虎钳装夹。

（2）选择铣床

选用 X6132 型卧式万能铣床。

（3）选择装夹方式

选用机用虎钳装夹工件。考虑到工件的铣削位置，须在工件下垫平行垫块，使工件台阶底面略高于钳口上平面。

（4）选择刀具

根据图样给定的台阶底面宽度尺寸（30－16）/2＝7mm，以及台阶高度尺寸（26－14）＝12mm 选择铣刀规格，现选用外径为 80mm、宽度为 12mm、孔径为 27mm、铣刀齿数为 12 的标准直齿三面刃铣刀。

（5）确定加工过程

根据图样精度要求，双台阶工件可在立式铣床上用立铣刀铣削加工，也可以在卧式铣床上用三面刃铣刀铣削加工。由于主要精度面在台阶侧面，因此，本任务在卧式铣床上用三面刃铣刀加工，以端铣形成台阶侧面精度比较高。双台阶加工过程为：坯件检验→安装、找正机用虎钳→装夹找正工件→安装三面刃铣刀→对刀，调整一侧台阶铣削位置→粗铣一侧台阶→预检，准确微量测量调整精铣一侧台阶→调整另一侧台阶铣削位置→粗铣另一侧台阶→预检，准确微量测量调整精铣一侧台阶→质量检验。

（6）选择铣削用量

按工件材料（45# 钢）、铣刀规格和机床型号选择、计算和调整铣削用量，调整主轴转

速为 $n = 75\text{r/min}$，每分钟进给量为 $v_f = 47.5\text{mm/min}$。

（7）选择检测方法

① 台阶的宽度尺寸用 $0 \sim 25\text{mm}$ 的外径千分尺测量，因精度不高，也可采用 0.02mm 示值的游标卡尺测量。台阶底面高度尺寸用游标卡尺测量。

② 台阶侧面对工件宽度的对称度用百分表借助标准平板和六面角铁进行测量。测量时采用工件翻身法进行对比测量，具体操作方法如图 3-3 所示。

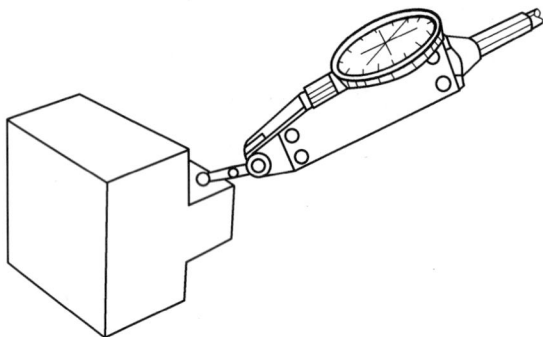

图 3-3　测量台阶对称度

③ 表面粗糙度采用目测样板类比检验。

2．工件加工

（1）坯件检验

① 检验工件宽度和高度的实际尺寸，如测得坯件宽度为 $29.90 \sim 29.92\text{mm}$，高度为 $25.95 \sim 29.98\text{mm}$。

② 检验预制件侧面与上下平面的垂直度，挑选垂直度较好的相邻面作为工件装夹的定位面。

（2）安装、找正机用虎钳

将虎钳安装在工作台中间的 T 形槽内，位置居中，并用百分表找正，使固定钳口的定位面与工作台纵向平行。因工件的装夹位置比较高，选择虎钳时应注意活动钳口的滑枕与导轨的间隙不能过大，以免工件夹紧后向上抬起。

（3）装夹和找正工件

在工件下面垫长度大于 80mm，宽度小于 30mm 的平行垫块，使工件上平面高于钳口 13mm。工件夹紧以后，可用百分表复核工件定位侧面与纵向的平行度、上平面与工作台面的平行度。

（4）安装铣刀

采用直径 27mm 刀杆安装铣刀。安装后，目测铣刀的跳动情况，若端面跳动较大，则应检查刀杆和垫圈的精度，并重新安装。

（5）对刀和一侧台阶粗铣调整（如图 3-4 所示）

① 侧面横向对刀。在工件一侧面贴薄纸，使三面刃铣刀的侧刃恰好擦到工件侧面，在横向刻度盘上做记号，调整横向，使一侧面铣削量为 6.5mm。

② 上平面垂向对刀。在工件上平面贴薄纸，使三面刃铣刀的圆周刃恰好擦到工件上平面，在垂向刻度盘上做记号，调整垂向，使工件上升 11.5mm。

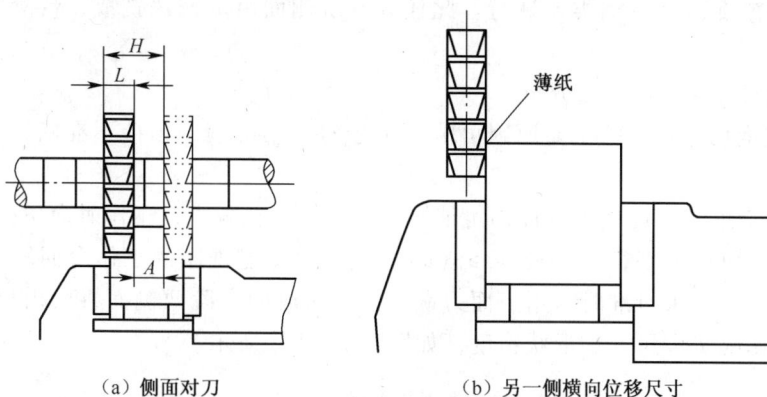

（a）侧面对刀　　　　　　　　（b）另一侧横向位移尺寸

图3-4　调整双台阶铣削位置

（6）粗铣和预检一侧台阶

① 粗铣一侧台阶时注意紧固工作台横向，因工件夹紧面积较小，铣刀切入时工件较易被拉起，此时可用手动进给缓缓切入，待切削比较平稳时再使用自动进给。

② 预检时，应先计算预检的尺寸数值。留0.5mm精铣余量时，测得台阶侧面与工件侧面的尺寸为23.41mm，若按键宽为15.89mm计算，台阶单侧铣除的余量为（29.91 - 15.89）/2 = 7.01mm。因此，精铣一侧台阶后的尺寸应为（7.01 + 15.89）= 22.90mm，铣削余量为（23.41 - 22.90）= 0.51mm。台阶底面高度的尺寸可直接用游标卡尺测量，若粗铣后测得高度尺寸为14.45mm，则精铣余量为（14.45 - 14）= 0.45mm。

（7）精铣和预检一侧台阶

① 工作台按0.51mm横向准确移动，按0.45mm垂向升高，精铣一侧台阶，铣削时为保证表面质量，全程使用自动进给。

② 预检精铣后的两侧面尺寸应为22.90mm，底面高度尺寸为14mm。

（8）粗铣和预检另一侧台阶

① 工作台横向移动键宽A和刀具宽度L尺寸之和，铣削另一侧台阶，粗铣时可在侧面留0.5mm余量，因此横向移动距离s（如图3-3所示）为

$$H = A + L + 0.5 = （15.89 + 12 + 0.5）= 28.39mm$$

按计算出的H值横向移动工作台，粗铣另一侧。

② 由于计算出的H值中铣刀的宽度为公称尺寸，预检时，测得另一侧粗铣后的键宽尺寸为16.30mm，因此，实际精铣余量为（16.30 - 15.89）= 0.41mm。

（9）精铣另一侧台阶

按预检尺寸与图样中间公差的键宽尺寸差值0.41mm准确移动工作台横向，精铣另一侧台阶。

3. 质量检验分析

（1）检验双台阶工件

① 用千分尺测量的台阶宽度尺寸应在15.84～15.95mm范围内。

② 用百分表在标准平板上测量键宽对工件两侧面的对称度时，将工件定位底面紧贴六面角铁垂直面，工件侧面与平板表面贴合，然后用翻身法比较测量，百分表的示值误差应在0.10mm范围内。

③ 用游标卡尺测量台阶底面高度尺寸应在13.79～14.21mm。

④ 表面粗糙度通过目测类比进行。此任务台阶侧面由端铣法铣成，台阶底面由周铣法铣成。

（2）铣削双台阶工件质量分析

① 台阶宽度尺寸超差的主要原因可能是由于对刀不准确、预检不准确、工作台调整数值计算错误等。

② 台阶侧面的平行度较差的原因可能是由于铣刀直径较大，工作时向不受力一侧偏让、工件定位侧面与纵向不平行［如图3-5（a）所示］、万能铣床的工作台回转盘零位未对准等。其中工作台零位未对准时，用三面刃铣刀铣削而成的台阶两侧面将会出现凹弧形曲面，且上窄下宽而影响宽度尺寸和形状精度，如图3-5（b）所示。

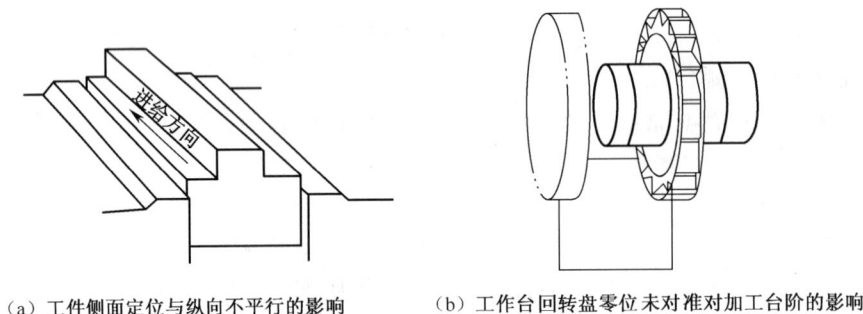

（a）工件侧面定位与纵向不平行的影响　　（b）工作台回转盘零位未对准对加工台阶的影响

图3-5　台阶侧面平行度较差的原因

③ 台阶宽度与外形对称度超差的原因可能是由于工件侧面与工作台纵向不平行、工作台调整数据计算错误、预检测量误差等。

④ 表面粗糙度超差的原因可能是铣刀刃磨质量差和过早磨损、刀杆精度差、挂架支持轴承间隙调整不合理等。

任务二　敞开式直角沟槽加工

铣削加工图3-6所示的敞开式直角沟槽零件。

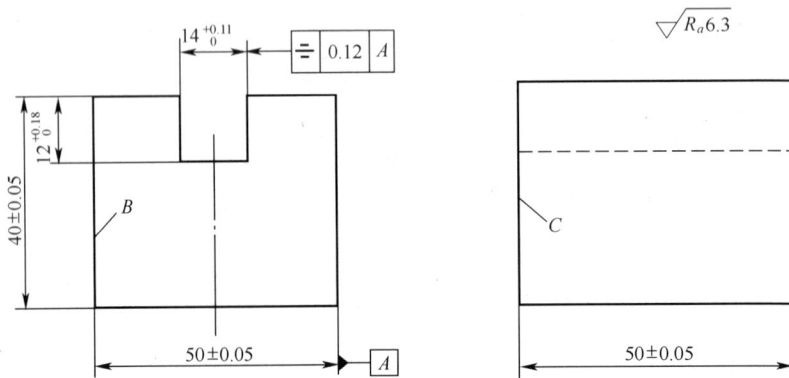

图3-6　敞开式直角沟槽零件

1. 工艺准备

铣削图3-6所示敞开式直角沟槽零件时，须按以下步骤进行工艺准备。

（1）分析图样

① 加工精度分析

a. 直角槽的宽度尺寸为 $14_{\ 0}^{+0.11}$ mm，深度尺寸为 $12_{\ 0}^{+0.18}$ mm。

b. 直角槽对外形尺寸 50mm 的对称度公差为 0.12mm。

c. 毛坯为 50mm×50mm×40mm 的矩形工件，直角槽在全长贯通。

② 表面粗糙度分析

工件各表面粗糙度值均为 $R_a6.3\mu m$，铣削加工比较容易达到要求。

③ 材料分析

HT200 的切削性能较好，加工时可选用高速钢铣刀或硬质合金铣刀。

④ 形状分析

矩形工件，定位和夹紧面积较大，宜采用机用平口虎钳装夹。

（2）选择铣床

选用 X6132 型卧式万能铣床。

（3）选择装夹方式

选用机用平口虎钳装夹工件。

（4）选择刀具

根据直角沟槽的宽度和深度尺寸选择铣刀规格，现选用外径为 80mm、宽度为 12mm、孔径为 27mm、铣刀齿数为 18 的标准直齿三面刃铣刀。

（5）确定加工过程

根据图样精度要求，敞开式直角沟槽可在立式铣床上用立铣刀铣削加工，也可以在卧式铣床上用三面刃铣刀铣削加工。由于主要精度面在台阶侧面，因此，本任务在卧式铣床上用三面刃铣刀加工。敞开式直角沟槽加工过程为：坯件检验→工件表面划线→安装、找正机用平口虎钳→装夹找正工件→安装三面刃铣刀→按划线对刀调整铣削中间槽→预检，准确微量调整精铣一侧→预检，准确微量调整精铣另一侧→质量检验。

（6）选择铣削用量

按工件材料（45#钢）、铣刀规格和机床型号选择、计算和调整铣削用量。因材料强度比较低，装夹比较稳固，加工表面的粗糙度要求也不高，故调整主轴转速为：$n = 75r/min$，每分钟进给量为：$v_f = 60mm/min$。

（7）选择检测方法

① 直角沟槽的宽度尺寸用 0~25mm 的内径千分尺测量，深度尺寸用游标卡尺深度尺测量。

② 直角沟槽对工件宽度的对称度用百分表借助标准平板进行测量。测量时采用工件翻身法进行对比测量，具体操作方法与台阶对称度测量相同。

③ 表面粗糙度采用目测样板类比检验。

2. 工件加工

（1）坯件检验

① 检验工件宽度和高度的实际尺寸，如测得坯件宽度为 49.97~50.02mm，高度为 40.00~40.03mm。

② 检验预制件侧面与底平面的垂直度，两侧面的平行度。本任务零件的 B 面与底面的垂直度较好，可作为侧面定位基准。

（2）在工件表面划线

以工件侧面定位，游标高度尺的划线头调整高度为 18mm，用翻身法在工件上平面划出对称外形的槽宽参照线。

（3）安装、找正机用平口虎钳

将虎钳安装在工作台上，并用百分表找正固定钳口的定位面与工作台纵向平行。

（4）装夹和找正工件

在工件下面垫长度大于50mm，宽度小于50mm的平行垫块，使工件上平面高于钳口13mm，以避免加工时夹紧力对直角沟槽的影响。工件夹紧以后，可用双手推动垫块，感觉垫块两端的定位接触面的贴合程度，还可用0.02mm的塞尺检查侧面定位情况。

（5）安装铣刀

采用直径27mm刀杆安装铣刀。安装后，目测铣刀的跳动情况，也可用百分表测量铣刀安装后的径向、端面圆跳动，如图3-7所示。

（6）对刀

① 按划线侧刃对刀时，如图3-8（a）所示。调整工作台，使铣刀处于铣削位置上方，目测铣刀两侧刃与槽宽参照线距离相等，然后开动机床，垂向缓缓上升试铣切痕，停机垂向退刀后，目测切痕是否处于槽宽参照线中间，如图3-8（b）所示，若有偏差，微量调整工作台横向使切痕处于划线中间。

② 在工件上平面对刀，使三面刃铣刀的圆周刃恰好擦到工件上平面，在垂向刻度盘上做记号，调整垂向，使工件上升11.5mm。

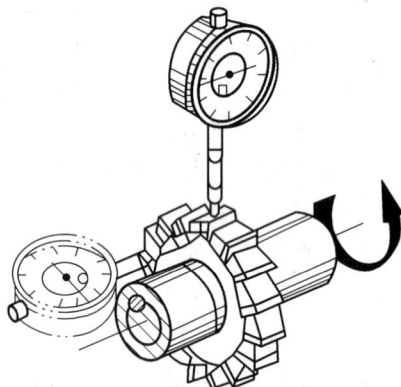

图3-7 用百分表测量三面刃铣刀径向、端面圆跳动

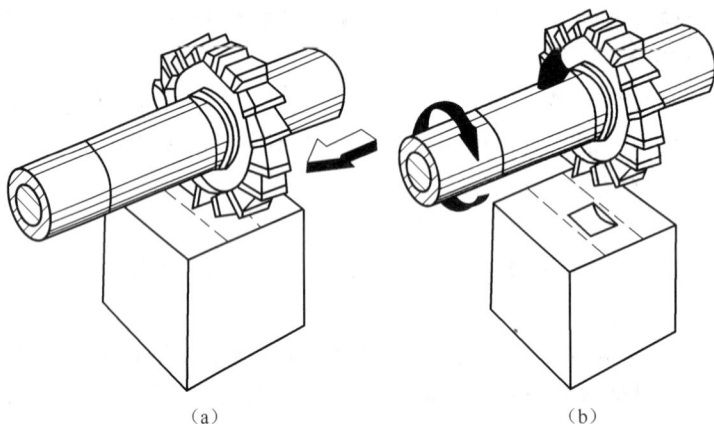

（a） （b）

图3-8 直角沟槽按划线对刀

（7）铣削中间槽并预检〔如图3-9（a）所示〕

① 铣削中间槽时注意紧固工作台横向，并注意铣削振动情况，适当调节挂架的支持轴承间隙。

② 预检时，应先计算相关数据。若槽宽按14.05mm计算，槽侧与工件侧面的尺寸为（50 - 14.05）/2 ≈ 17.98mm，粗铣后预检，测得槽侧与工件定位侧面的实际尺寸为18.80mm，槽宽为12.10mm，槽深为11.55mm。

（8）精铣及预检直角槽的一侧〔如图3-9（b）所示〕

① 工作台按（18.80 - 17.98）= 0.82mm横向准确移动，按（12.10 - 11.55）= 0.55mm垂向升高，精铣直角槽一侧，铣削时全程使用自动进给。

② 精铣后预检槽侧与工件定位侧面的尺寸应为 17.98mm，槽深尺寸为 12.10mm。

（9） 精铣及预检直角槽另一侧

如图 3-9 （c） 所示，工作台横向恢复到中间槽位置，反向移动 0.3mm，半精铣直角槽另一侧，预检槽宽尺寸，若测得槽宽为 13.62mm，按 （14.05 - 13.62） =0.43mm 准确移动工作台横向，精铣直角槽另一侧。再次测量槽宽尺寸应在 14.05mm 左右。

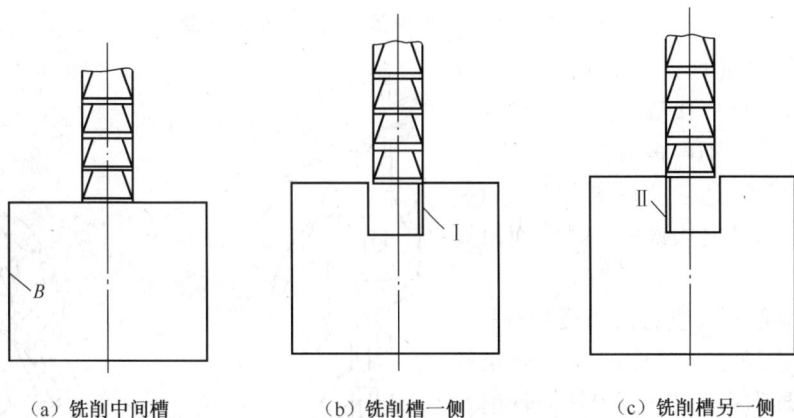

| （a） 铣削中间槽 | （b） 铣削槽一侧 | （c） 铣削槽另一侧 |

图 3-9　多次进给铣削直角沟槽的步骤

3. 质量检验分析

（1） 检验敞开式直角沟槽

① 用内径千分尺测量直角沟槽宽度尺寸应在 14.00 ～ 14.11mm 范围内。由于精度要求不高，也可采用游标卡尺测量，如图 3-10 所示，测量时将一个量爪紧贴被测量面，另一个量爪做微量摆动，以寻得槽侧间隙最小距离后，读出测量数值。测量时量爪的位置如图 3-11 所示。

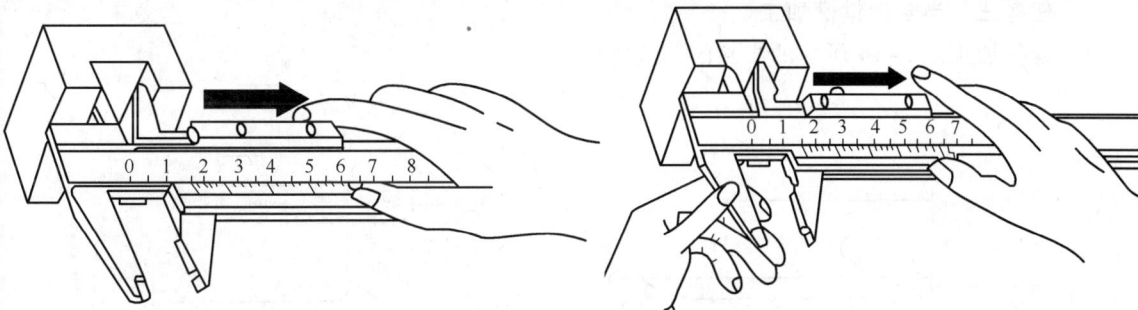

图 3-10　用游标卡尺测量直角沟槽宽度

② 用百分表在标准平板上测量键宽对工件两侧面的对称度时，应将工件侧面与平板表面贴合，然后用翻身法比较测量，百分表的示值误差应在 0.10mm 范围内，如图 3-12 所示。由于对称精度不高，也可以用外径千分尺测量槽侧与工件侧面的尺寸，两侧尺寸误差值应在 ±0.10mm 内。

③ 用游标卡尺深度尺测量槽深的尺寸应在 12.00 ～ 12.18mm。用游标卡尺测量深度的方法如图 3-13 所示，测量时，应使尺

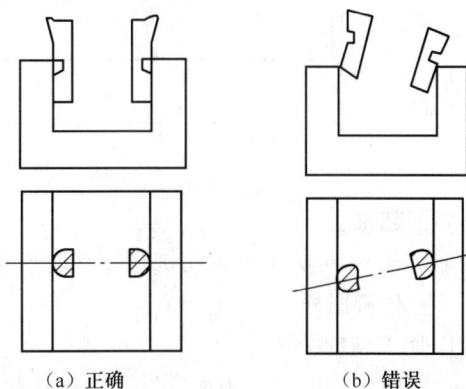

| （a） 正确 | （b） 错误 |

图 3-11　游标卡尺测量直角沟槽宽度时的量爪位置

65

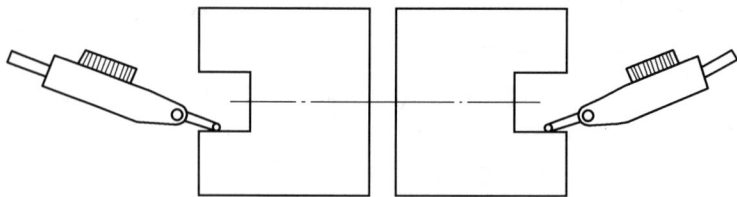

图 3-12　用百分表测量直角沟槽的对称度

身端面与测量基准面贴合，用手拉动尺框，使深度尺与槽底接触，测量时尺身应垂直于被测部位，不可歪斜。

④ 表面粗糙度通过目测类比进行。此任务槽侧面由端铣法铣成，槽底面由周铣法铣成。

（2）铣削敞开式直角沟槽质量分析

① 直角槽尺寸、对称度和表面粗糙度超差的主要原因与用三面刃铣刀铣削台阶时相同。

② 直角槽侧面的平行度较差的原因除与台阶铣削相同外，还可能由于当万能铣床工作台零位未对准时，用三面刃铣刀铣削而成的直角槽两侧面将会呈现上宽下窄而影响宽度尺寸和形状精度。

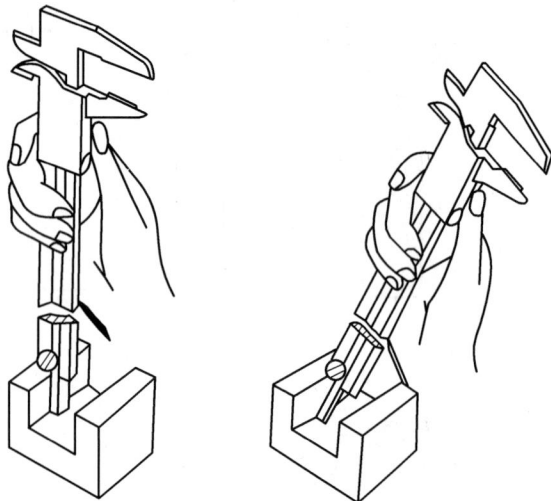

图 3-13　用游标卡尺测量槽深

任务三　半封闭键槽加工

铣削加工图 3-14 所示的半封闭键槽零件。

其余 $\sqrt{Ra6.3}$

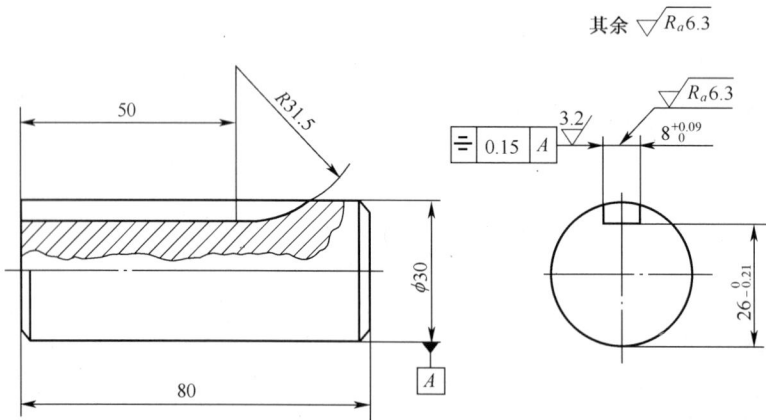

图 3-14　半封闭键槽零件

1. 工艺准备

铣削图 3-14 所示半封闭键槽零件时，须按以下步骤进行工艺准备。

（1）分析图样

① 加工精度分析

a. 键槽的宽度尺寸为 $8^{+0.09}_{0}$ mm，深度尺寸标注为槽底至工件外圆的尺寸 $26^{0}_{-0.21}$ mm，键槽的有效长度为 50mm，槽端收尾形式为卧弧形状，圆弧半径为 31.5mm。

b. 键槽对工件轴线的对称度公差为 0.15mm。

c. 毛坯为 ϕ 30mm $\times$ 80mm 的光轴。

② 表面粗糙度分析

键槽侧面表面粗糙度值为 R_a 3.2 μm，其余为 R_a 6.3 μm，铣削加工能达到要求。

③ 材料分析

材料为 45# 钢，其切削性能较好。

④ 形状分析

毛坯为轴类零件，便于装夹。

（2）选择铣床

选用 X6132 型卧式万能铣床。

（3）选择装夹方式

最好选用轴用虎钳，若采用机用虎钳装夹，应使用 V 形钳口，如图 3-15 所示。本任务选用机用虎钳使用 V 形钳口装夹工件。

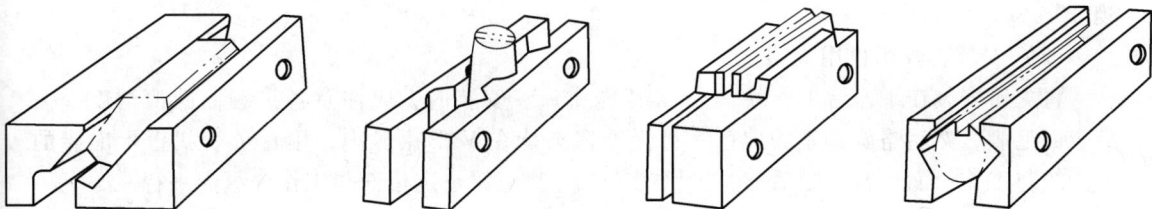

图 3-15　机用虎钳的特殊钳口

（4）选择刀具

根据键槽的宽度尺寸 $8_{0}^{+0.09}$ mm 和端部收尾形式及圆弧半径尺寸 31.5mm 选择铣刀规格，因槽宽精度要求不高，现选用外径为 63mm、宽度为 8mm、孔径为 22mm、铣刀齿数为 14 的标准直齿三面刃铣刀。铣刀的宽度应用外径千分尺进行测量，按图样槽宽尺寸的公差和铣刀安装后的端面圆跳动误差，铣刀的宽度应在 8.00 ~ 8.05mm 范围内。

（5）确定加工过程

根据图样精度要求和键槽端部的收尾形式，本任务宜在卧式铣床上用三面刃铣刀或盘形槽铣刀铣削加工。半封闭键槽加工过程为：坯件检验→安装、找正轴用虎钳（或机用虎钳）→装夹找正工件→安装盘形槽铣刀（或三面刃铣刀）→切痕对刀（对中、槽深、槽长）铣削键槽→质量检验。

（6）选择铣削用量

按工件材料（45# 钢）、铣刀规格和机床型号选择调整铣削用量，因材料强度、硬度都不高，装夹比较稳固，加工表面的粗糙度要求也不高，故调整主轴转速为：$n = 95$ r/min，每分钟进给量为：$v_f = 47.5$ mm/min。

（7）选择检测方法

① 键槽的宽度尺寸用 0 ~ 25mm 的内径千分尺和塞规测量，深度和有效长度尺寸用游标卡尺测量。

② 键槽对工件轴线的对称度，在标准平板上，用百分表借助 V 形架测量。测量时采用 V 形架翻身法进行对比测量，具体操作方法与台阶对称度测量相似，如图 3-16 所示。

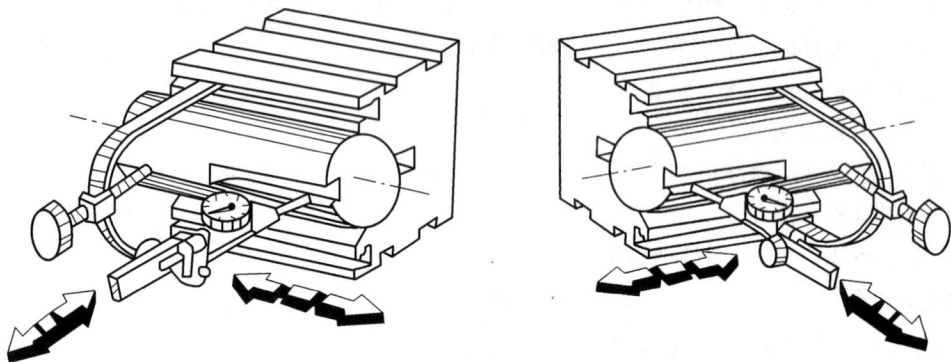

图 3-16　V形架测量键槽对称度

③ 表面粗糙度采用目测样板类比检验。

2. 工件加工

（1）坯件检验

检验工件宽度和高度的实际尺寸，如测得坯件宽度为 30.05 ～ 30.08mm，长度尺寸为 80.10 ～ 80.15mm。

（2）安装、找正机用虎钳

将虎钳安装在工作台上，换装 V 形特殊钳口。安装时，应注意各接触面的清洁度，去除表面毛刺，然后略旋紧紧固螺钉，将标准棒夹持在 V 形钳口内，用百分表找正标准棒的上素线与工作台面平行，随后旋紧紧固螺钉，并找正钳口定位面与工作台纵向平行。

（3）在工件表面划线

以工件端面定位，将游标高度尺的划线头调整高度为 50mm，在工件圆柱面上划出键槽有效长度对刀参照线。

（4）装夹和找正工件

工件装夹在 V 形钳口中，应注意上方外露的圆柱面具有两倍槽宽尺寸的位置，以便铣削对刀。

（5）安装铣刀

采用直径 22mm 刀杆安装铣刀。安装后，用百分表测量铣刀安装后的端面圆跳动。

（6）对刀

① 垂向槽深对刀时，调整工作台，使铣刀处于铣削位置上方。开动机床，使铣刀圆周刀齿恰好擦到工件外圆最高点，在垂向刻度盘上做记号，作为槽深尺寸调整起点刻度。

② 横向对中对刀时，往复移动工作台横向，在工件表面铣削出略大于铣刀宽度的椭圆形刀痕，如图 3-17（a）所示。通过目测使铣刀处于切痕中间，垂向再微量升高，使铣刀铣出浅痕，如图 3-17（b）所示。通过目测使铣刀处于切痕中间，垂向再微量升高，使铣刀铣出浅痕，停车后目测浅痕与椭圆刀痕两边的距离是否相等，若有偏差，则再调整工作台横向。调整结束后，注意锁紧工作台横向。

③ 纵向槽长对刀时，垂向退刀，移动纵向，使铣刀中心大致处于 50mm 槽长划线的上方，垂向上升，在工件表面切出刀痕，停机调整完毕，在纵向刻度盘上做好铣削终点的刻度记号。此时，应注意工作台的移动方向应与铣削进给方向一致，还应调整好自动停止挡铁，调整的要求是：在工作台进给停止后，刻度盘位置至终点刻度记号还应留有 1mm 左右的距离，以便通过手动进给较准确地控制键槽有效长度尺寸。

④ 纵向退刀后，垂向按对刀记号上升（30.07 - 25.95）mm = 4.12mm。

（7）铣削并预检键槽

① 铣削时，应先采用手动进给使铣刀缓缓切入工件，当感觉铣削平稳后再采用机动进给。在铣削至纵向刻度盘记号之前，机动进给自动停止，改用手动进给铣削至刻度盘终点记号位置，如图 3-18 所示。

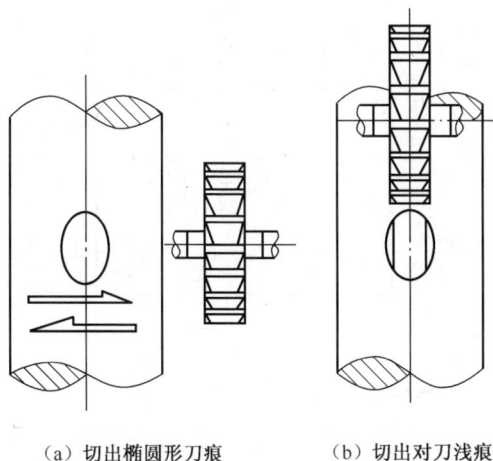

（a）切出椭圆形刀痕　　（b）切出对刀浅痕

图 3-17　切痕对刀法　　　图 3-18　铣削半封闭键槽

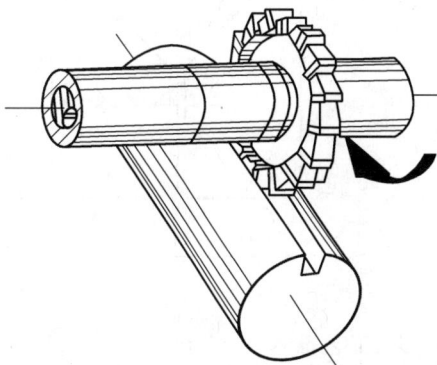

② 预检槽宽尺寸用塞规和内径千分尺测量，如图 3-41 所示。测量时左手拿内径千分尺两端，右手转动微分筒，使两个内测量爪测量面之间的距离略小于槽宽尺寸放入槽中，以一个量爪为支点，另一个量爪做少量转动，找出最小点，然后使用测力装置直至发出响声，便可直接读数，若要取出后读数，先将紧固螺钉旋紧后取出读数。采用塞规测量时，应选用与槽宽尺寸公差等级相同的塞规，以过端能塞进，止端不能塞进为合格，如图 3-41（b）所示。

③ 测量槽深尺寸，可用游标卡尺直接测量槽底至下素线的尺寸，测量方法如图 3-42（a）所示。

④ 键槽的长度尺寸可用钢直尺或游标卡尺直接量出。

3. 质量检验分析

（1）检验半封闭键槽

① 用内径千分尺测量键槽宽度尺寸应在 8.00 ~ 8.09mm 范围内。槽深即槽底至工件外圆的尺寸应在 25.79 ~ 26.00mm 范围内。其测量方法与预检相同。

② 用百分表在标准平板上测量键槽对称度时，将工件定位装夹在对称两侧面的专用 V 形架上，用百分表找正工件键槽一侧面，然后用翻身法对另一侧面比较测量，百分表的示值误差应在 0.10 mm 范围内。

③ 表面粗糙度通过目测类比进行。此任务槽侧面由端铣法铣成，槽底面由周铣法铣成。

（2）铣削双台阶工件质量分析

① 键槽宽度尺寸超差的主要原因可能有铣刀宽度尺寸测量误差、铣刀安装后端面跳动过大、铣刀刀尖刃磨质量差或早期磨损等。

② 键槽槽底与轴线不平行度的原因可能有工件圆柱面上素线与工作台面不平行、V 形特殊钳口安装误差过大等。

③ 键槽对称度超差的原因可能有目测切痕对刀误差过大、铣削时产生让刀、铣削时工作台横向未锁紧等。

任务四 V形槽加工

铣削加工图3-19所示的V形槽零件。

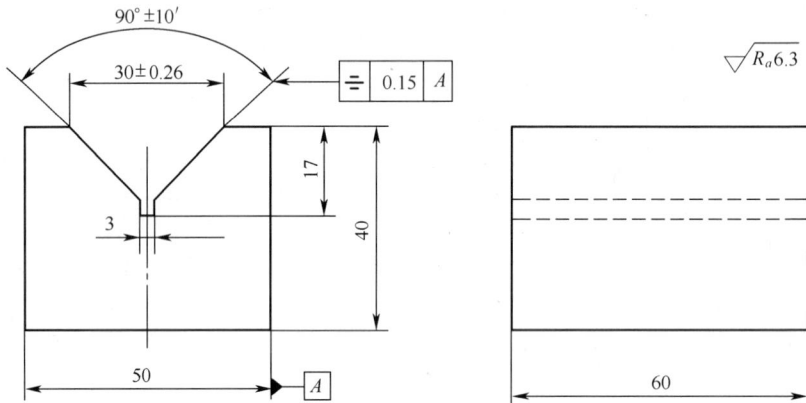

图3-19 V形槽零件

1. 工艺准备

铣削图3-19所示V形槽零件时，须按以下步骤进行工艺准备。

（1）分析图样

① 加工精度分析

a. V形槽窄槽宽3mm，深17mm；V形槽的开口宽（30±0.26）mm，夹角为90°±10′。

b. V形槽对尺寸为50mm侧面外形的对称度公差为0.15mm。

c. 毛坯为60mm×50mm×40mm的矩形工件。

② 表面粗糙度分析

V形槽加工表面粗糙度值均为$R_a 6.3 \mu m$，铣削加工比较容易达到要求。

③ 材料分析

工件材料为QT600-3（229~302HBS），与HT200相比，其硬度较高。

④ 形状分析

矩形工件，便于装夹。

（2）选择铣床

选用X6132型卧式万能铣床。

（3）选择装夹方式

选用机用虎钳装夹工件。工件以侧面和底面作为定位基准。

（4）选择刀具

根据图样给定的V形槽基本尺寸，选择直径为100mm、宽度为3mm锯片铣刀铣削中间窄槽；选择外径为100mm，角度为90°对称双角度铣刀铣削V形槽。

（5）确定加工过程

根据图样精度要求，V形槽可在立式铣床上用立铣刀铣削加工，也可以在卧式铣床上用双角度铣刀铣削加工。现选择在卧式铣床上铣削，V形槽铣削加工过程为：坯件检验→安装、找正机用虎钳→工件表面划出窄槽对刀线→装夹找正工件→安装锯片铣刀→对刀、试切预检→铣削窄槽→换装双角度铣刀→垂向深度对刀→铣削V形槽→质量检验。

（6）选择铣削用量

按工件材料（QT600-3）、铣刀规格和机床型号选择、计算和调整铣削用量。铣削中间窄槽时，调整主轴转速为 $n=47.5$ r/min，每分钟进给量为 $v_f=23.5$ mm/min；铣削 V 形槽时，调整主轴转速为 $n=60$ r/min，每分钟进给量为 $v_f=47.5$ mm/min。

（7）选择检测方法

V 形槽的槽口宽度用游标卡尺和钢直尺测量，槽形角用游标万能角度尺测量，对称度的测量与直角槽的对称度测量类似，用百分表借助标准圆棒测量。中间窄槽用游标卡尺测量。

2. 工件加工

（1）坯件检验

用千分尺检验预制件的平行度和尺寸，测得宽度的实际尺寸为 50.08～50.12mm。用 90°角尺测量侧面与底面的垂直度，选择垂直度较好的侧面、底面作为定位基准。

（2）安装、找正机用虎钳

将虎钳安装在工作台中间的 T 形槽内，位置居中，并用百分表找正，使固定钳口的定位面与工作台纵向平行。

（3）划线、装夹工件

在工件表面划直槽位置参照线。划线时，可将工件与划线平板贴合，划线尺高度为 $(50-3)/2=23.5$ mm，用翻身法划出两条参照线。工件装夹时，注意侧面、底面与虎钳定位面之间的清洁度。

（4）安装铣刀

铣削中间窄槽时，应安装锯片铣刀，并用百分表检测端面圆跳动在 0.05mm 以内；铣削 V 形槽换装对称双角度铣刀。

（5）铣削中间窄槽

① 铣削中间窄槽时，按工件表面划出的对称槽宽参照线横向对刀的具体操作方法，与 T 形槽直槽的铣削方法相同。此处也可用换面对刀法对刀。具体操作时，工件第一次铣出切痕后，将工件回转 180°，以另一侧面定位再次铣出切痕，目测两切痕是否重合，如有偏差，按偏差的一半微量调整工作台横向，直至两切痕重合。

② 按垂向表面对刀的位置，垂向上升 17mm 铣削中间窄槽。铣削时，由于深度余量比较大，应注意锁紧横向，并应用手动进给铣削。窄槽铣削完毕后，应用游标卡尺对槽深、槽宽、对称度进行预检。

（6）铣削 V 形槽〔如图 3-20 所示〕

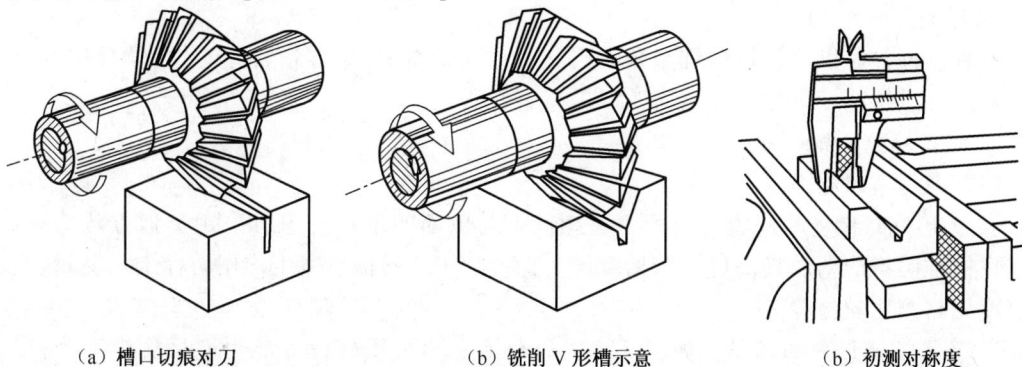

（a）槽口切痕对刀　　　　　（b）铣削 V 形槽示意　　　　　（b）初测对称度

图 3-20　铣削 V 形槽

① 换刀

换装对称双角度铣刀，在不影响横向移动的前提下，铣刀尽可能靠近机床主轴，以增强刀杆的刚度。

② 对刀

对刀时，目测使铣刀刀尖处于窄槽中间，垂向上升，使铣刀在窄槽槽口铣出切痕；微量调整横向，使铣出的两切痕相等，此时窄槽已与双角度铣刀中间平面对称。同时，当铣刀锥面刃与槽口恰好接触时，可作为垂向对刀记号位置。

③ 计算 V 形槽深度

根据 V 形槽槽口的宽度尺寸 B 和槽形角 α，以及中间窄槽的宽度 b，计算 V 形槽的深度 H：

$$H = \frac{B-b}{2} \times \cot \frac{\alpha}{2} = \frac{30-3}{2} \times \cot \frac{90°}{2} = 13.5\text{mm}$$

④ 粗铣

根据垂向对刀记号，垂向余量 13.5mm 分 3 次粗铣，1 次精铣。余量分配为 6mm、4mm、2.5mm、1mm。粗铣 V 形槽，在一次粗铣后，应用游标卡尺测量槽的对称度，如图 3-20（c）所示。

⑤ 预检

在第二次粗铣后，松夹取下工件，在测量平板上预检槽的对称度，如图 3-21 所示。测量时应以工件的两个侧面为基准，在 V 形槽内放入标准圆棒，用百分表测出圆棒的最高点，然后将工件翻转 180°，再用百分表测量圆棒最高点，若示值不一致，须按示值差的一半调整工作台横向进行试铣，直至符合对称度要求。

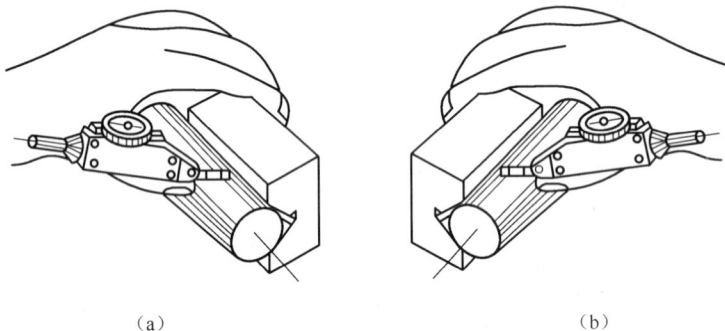

（a）   （b）

图 3-21　用百分表和标准圆棒测量 V 形槽对称度

⑥ 精铣

对称度调整好以后，按精铣余量上升工作台后，精铣 V 形槽，此时，主轴转速可提高一个档次，进给速度降低一个档次，以提高表面质量。

3. 质量检验分析

（1）检验 V 形槽

① V 形槽对称度的检验与预检方法相同，与侧面的平行度也可采用类似方法，只是测量点在标准圆棒的两端最高点。窄槽宽度、深度、V 形槽槽口宽度均用游标卡尺测量，表面粗糙度用目测比较检验。

② V 形槽槽形角的测量，如图 3-22（a）所示。可用游标万能角度尺测出半个槽形角为 45°，然后用刀口形 90°角度尺测量槽形角［如图 3-22（b）所示］，用这种方法能测得槽

形角度的对称性。

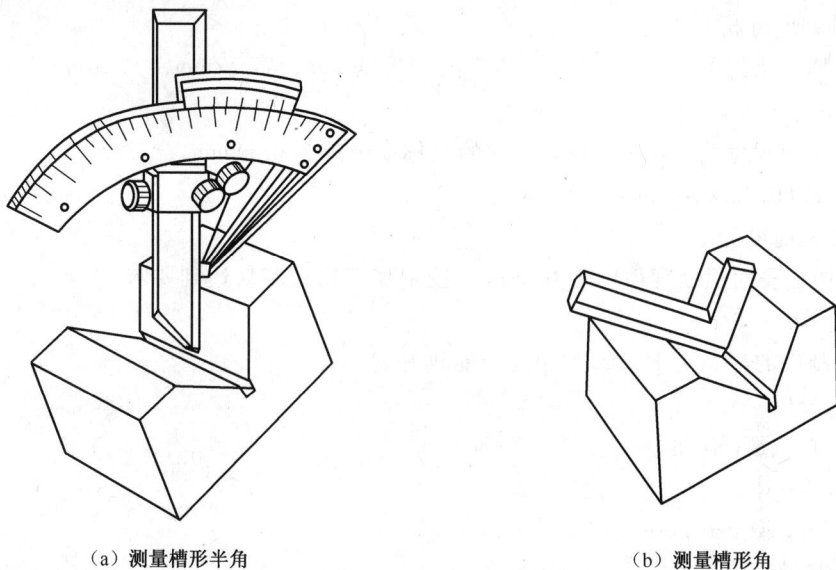

（a）测量槽形半角　　　　　　　　　　　　　　（b）测量槽形角

图 3-22　测量 V 形槽槽形角

（2）V 形槽质量分析

① V 形槽槽口宽度尺寸超差的主要原因可能有工件上平面与工作台不平行、工件夹紧不牢固、铣削过程中工件底面基准脱离定位面等。

② V 形槽对称度超差原因可能有双角度铣刀槽口对刀不准确、预检测量不准确、精铣时工件重新装夹有误差等。

③ V 形槽与工件侧面不平行的原因可能有机用虎钳固定钳口与纵向不平行、铣削时虎钳微量位移、工件多次装夹时侧面与虎钳定位面之间有毛刺和脏物等。

④ V 形槽槽形角角度误差大和角度不对称的原因可能有铣刀角度不准确或不对称、工件上平面未找正、机用虎钳夹紧时工件向上抬起等。

⑤ V 形槽侧面粗糙度超差的主要原因有铣刀刃磨质量差、铣刀刀杆弯曲引起铣削振动等。

任务五　T 形槽加工

铣削加工图 3-23 所示的 T 形槽零件。

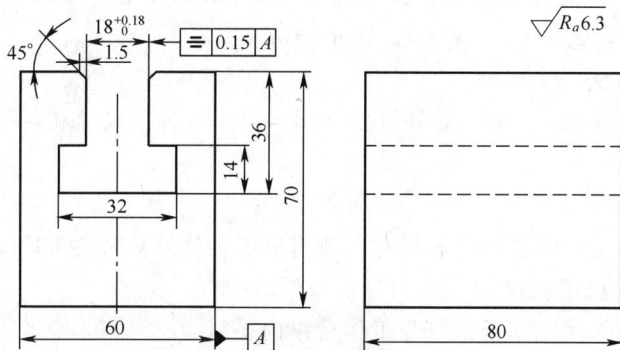

图 3-23　T 形槽零件

1. 工艺准备

铣削图 3-23 所示 T 形槽零件时，须按以下步骤进行工艺准备。

（1）分析图样

① 加工精度分析

a. T形槽直槽的宽 $18^{+0.18}_{0}$ mm，T形槽的深度 36mm，宽 32mm，高 14mm，直槽口倒角为 1.5mm×45°。

b. T形槽对尺寸为 60mm，侧面外形的对称度公差为 0.15mm。

c. 毛坯为 60mm×70mm×80mm 的矩形工件。

② 表面粗糙度分析

T形槽加工表面粗糙度值为 R_a6.3μm，铣削加工比较容易达到要求。

③ 材料分析

毛坯预制件的材料为 HT200，切削性能较好。

④ 形状分析

矩形工件，便于装夹。

（2）选择铣床

选用 X5032 型立式铣床或同类的立式铣床。

（3）选择装夹方式

选用机用虎钳装夹，工件以侧面和底面作为定位基准。

（4）选择刀具

根据图样给定的 T形槽基本尺寸，选择直径为 18mm 的标准直柄立铣刀铣削直槽；选择基本尺寸为 18mm，直径为 32mm，宽度为 14mm 的标准直柄 T形槽铣刀铣削底槽；选择外径为 25mm，角度为 45°的反燕尾槽铣刀铣削直槽口倒角。

（5）确定加工过程

根据图样精度要求，T形槽宜在立式铣床上用立铣刀铣削加工直槽，用 T形铣刀加工 T形底槽。T形槽铣削加工工序过程为：坯件检验→安装、找正机用虎钳→工件表面划出直槽对刀线→装夹、找正工件→安装立铣刀→对刀、试切预检→铣削直槽→换装 T形槽铣刀→垂向深度对刀→铣削底槽→铣削槽口倒角→质量检验。

（6）选择铣削用量

按工件材料（HT200）、铣刀规格和机床型号选择、计算和调整铣削用量。铣削直槽时，调整主轴转速为 $n=250$r/min，每分钟进给量为 $v_f=30$mm/min；铣削 T形槽底槽时，因铣刀强度低，排屑困难，选用较低的调整铣削用量 $n=118$r/min，$v_f=23.5$mm/min；铣削倒角时，选用铣削用量 $n=238$r/min，$v_f=47.5$mm/min。

（7）选择检测方法

T形槽的测量方法比较简单，此处可用游标卡尺测量各项尺寸和对称度。

2. 工件加工

（1）坯件检验

用千分尺检验预制件的平行度和尺寸，测得宽度的实际尺寸为 60.12～60.20mm。

（2）安装、找正机用虎钳

安装机用虎钳，并找正固定钳口与工作台纵向平行。

（3）划线、装夹工件

在工件表面划直槽位置参照线。划线时，可将工件与划线平板贴合，划线尺高度为(60－18)/2＝21mm，用翻身法划出两条参照线。工件装夹时，注意侧面、底面与虎钳定位面之间的清洁度。

（4）安装铣刀

根据立铣刀、T形槽铣刀和反燕尾槽铣刀的柄部直径，选用弹性套和夹头体安装铣刀，铣刀伸出部分应尽可能短，以增加铣刀的刚度。

（5）找正立铣头位置

为保证铣削精度，注意检查立铣头刻度盘的零线是否对准。

（6）铣削直角槽 ［如图 3-24（a）所示］

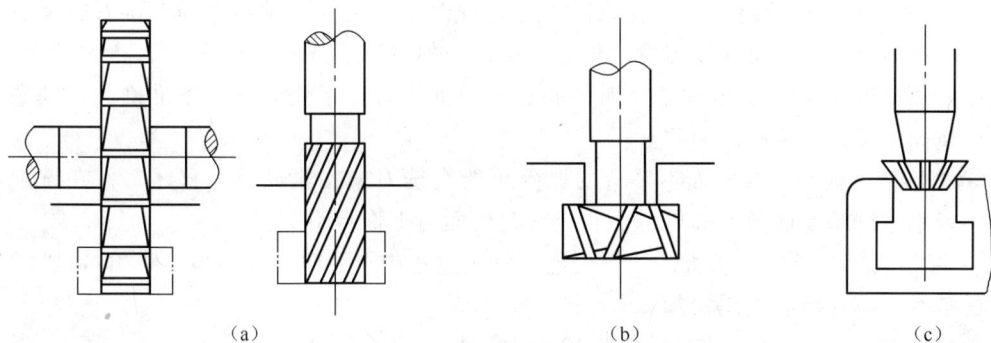

图 3-24　T形槽铣削步骤

① 调整工作台，将铣刀调整至铣削位置的上方，按工件表面划出的对称槽宽参照线移动槽向对刀。开动机床，垂向对刀并上升 1mm 后，移动纵向，在工件表面铣出浅痕。停机后用游标卡尺预检槽的对称位置，若有误差，应按两侧测量数据差值的一半微调横向，直至浅槽对称工件外形。同时，也需对槽宽的实际尺寸进行预检，但须注意预检测量应避免刀尖圆弧或倒角对槽宽测量的影响。

② 按垂向表面对刀的位置，将 36mm 深度余量分两次铣削，若侧面不再精铣，槽深余量的分配最好为 22mm 与 14mm，以避免直槽侧面留有接刀痕。铣削时，由于深度余量比较大，应注意锁紧横向，并应先用手动进给缓慢切入工件，然后改用机动进给。为避免顺、逆铣对槽宽的影响，两次铣削应采用同一方向。直槽铣削完毕后，应对槽深、槽宽、对称度进行预检。

（7）铣削 T形底槽 ［如图 3-24（b）所示］

① 换装 T形铣刀，因直槽铣削后横向没有移动，不必重新对刀。如果工件重新安装或横向已经移动，可采用以下方法对刀。

a. 用刀柄对刀。将 18mm 直柄立铣刀掉头安装在铣夹头内，露出一段柄部，先通过目测使铣刀柄部对准已加工的直槽，微量调整横向，移动纵向，使刀柄能顺畅地进入槽内，此时，主轴与工件的横向相对位置已恢复至直槽加工位置。

b. 用切痕对刀。换装 T形槽铣刀后，调整垂向使铣刀的端面刃与直角槽底恰好接触，调整横向目测使铣刀中心与直槽对准，开动机床，缓缓移动工作台纵向，使 T形槽铣刀在直角槽槽口铣出相等的两个切痕，此时，主轴与工件的横向相对位置已恢复至直槽加工位置。

② 垂向对刀使铣刀端面与直角槽底恰好接触，为减少 T形铣刀端面与槽底的摩擦，也可以使直槽略深一些。底槽铣削开始用手动进给，当铣刀大部分缓缓切入后改用机动进给，铣削过程中注意及时清除切屑，以免因切屑堵塞，切削区温度升高，致使铣刀退火或折断，从而影响铣削，甚至造成废品。

③ 铣削槽口倒角，如图3-24（c）所示。换装反燕尾槽铣刀，垂向对刀，使铣刀锥面刃与槽口恰好接触，垂向升高1.5mm，铣削槽口倒角。

3．质量检验分析

（1）检验T形槽工件

T形槽的检验比较简单，精度较高的直角槽检验可用内径千分尺或塞规测量，底槽检验一般用游标卡尺测量，倒角和表面粗糙度通过目测检验。

（2）T形槽铣削加工质量分析

① 直角槽宽度尺寸超差的主要原因可能有铣刀宽度尺寸测量不准确、铣刀安装后跳动误差大、进给速度比较快使铣刀发生偏让、两次铣削时进给方向不同等。

② 底槽与直角槽对称度超差原因可能有工件重装后T形铣刀对刀不准确、铣削底槽因工作台横向未锁紧产生拉动偏移。

③ T形槽槽底与基准底面不平行的原因可能有铣刀未夹紧微量下移、工件在铣削过程中因夹紧不牢固基准底面偏离定位面和装夹时底面与工作台不平行等。

④ 底槽表面粗糙度误差大的原因可能有铣削过程中未及时清除切屑、进给量过大等。

任务六　燕尾槽和燕尾块加工

铣削加工图3-25所示的燕尾槽和燕尾块零件。

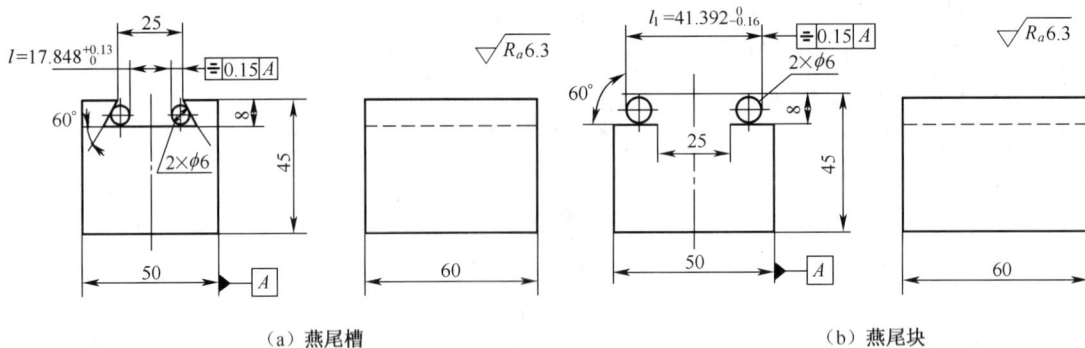

（a）燕尾槽　　　　　　　　　　　　　　　（b）燕尾块

图3-25　燕尾槽和燕尾块零件

1．工艺准备

铣削图3-25所示燕尾槽和燕尾块零件时，须按以下步骤进行工艺准备。

（1）分析图样

① 加工精度分析

a．燕尾槽最小宽度为25mm，深8mm，标准圆棒直径为6mm时，测量尺寸l为$17.848^{+0.13}_{0}$mm；燕尾块的最小宽度、深度基本尺寸与燕尾槽相同，标准圆棒直径为6mm时，测量尺寸l_1为$41.392^{0}_{-0.16}$mm。燕尾槽与燕尾块的槽形角为60°。

b．燕尾槽和燕尾块对尺寸为50 mm侧面外形的对称度公差为0.15mm。

c．毛坯为60mm×50mm×45 mm的矩形工件。

② 表面粗糙度分析

燕尾槽和燕尾块加工表面粗糙度值为$R_a6.3\mu m$，铣削加工比较容易达到要求。

③ 材料分析

毛坯材料为HT200，其切削性能较好。

④ 形状分析

预制件为矩形工件，便于装夹。

（2）选择铣床

选用 X5032 型立式铣床或同类的立式铣床。

（3）选择装夹方式

采用机用虎钳装夹，工件以侧面和底面作为定位基准。

（4）选择刀具

根据图样给定的燕尾槽基本尺寸，选择直径为 20mm 的立铣刀铣削中间直角槽；选择外径为 25mm，角度为 60°燕尾槽铣刀铣削燕尾槽（块）。

（5）确定加工过程

根据图样精度要求，燕尾槽（燕尾块）宜在立式铣床上用立铣刀铣削加工直角槽后，用燕尾铣刀铣削燕尾槽（块），燕尾槽（块）铣削加工工序过程为：坯件检验→安装、找正机用虎钳→工件表面划出直角槽对刀线→装夹、找正工件→安装立铣刀→对刀、试切预检→铣削直角槽→换装燕尾铣刀→垂向深度对刀→铣削燕尾槽（块）一侧并预检→铣削燕尾槽（块）另一侧并预检→燕尾槽（块）铣削工序的检验。

（6）选择铣削用量

按工件材料（HT200）、铣刀规格和机床型号选择、计算和调整铣削用量。铣削直角槽时，因铣削余量少，材料硬度不高，选择并调整主轴转速为 $n = 235\text{r/min}$，每分钟进给量为 $v_f = 30\text{mm/min}$；铣削燕尾槽（块）时，因铣刀容屑浅、颈部细、刀尖强度差，故应选用较低铣削用量，调整主轴转速为 $n = 190\text{r/min}$，每分钟进给量为 $v_f = 23.5\text{mm/min}$。

（7）选择检测方法

燕尾槽（块）的槽口宽度用千分尺借助标准圆棒测量，对称度的测量与 V 形槽的对称度测量类似，用百分表借助标准圆棒测量。燕尾槽（块）的深度用游标卡尺测量。

2. 工件加工

（1）坯件检验

用千分尺检验预制件的平行度和尺寸，测得宽度的实际尺寸为 50.02 ~ 50.08mm。用 90°角尺测量侧面与底面的垂直度，选择垂直度较好的侧面、底面作为定位基准。

（2）安装、找正机用虎钳

安装机用虎钳，并找正固定钳口与工作台纵向平行。

（3）划线、装夹工件

在工件表面划直角槽位置参照线。划线时，可将工件与划线平板贴合，划线尺高度燕尾槽直角槽为 $(50 - 25)/2 = 12.5\text{ mm}$，燕尾槽槽角与工件侧面宽度为 $(50 - 25 - 2 \times 8 \times \cot 60°)/2 \approx 7.88\text{mm}$。用翻身法划出两条参照线。工件装夹时，注意侧面、底面与虎钳定位面之间的清洁度。

（4）安装铣刀

铣削中间直角槽，安装立铣刀；铣削燕尾槽（块）换装燕尾槽铣刀。

（5）铣削直角槽

① 铣削直角槽时，应按工件表面划出的对称槽宽参照线横向对刀，具体操作方法与 T 形槽直槽铣削方法相同。槽侧与工件侧面的尺寸为 12.525mm。铣削时可分粗、精铣，以提高直角槽的铣削精度。

② 铣削凸台时，应按工件表面划出的凸台宽度参照线横向对刀。具体操作方法与双台

阶铣削方法相同。凸台宽度的尺寸为 $(25 + 2 \times 8 \times \cot 60°) \approx 34.23$ mm，凸台侧面与工件侧面的尺寸为 $(50.05 - 34.23)/2 = 7.91$ mm，或 $(50.05 - 7.91) = 42.14$ mm。用于控制凸台对工件侧面的对称度。

（6）铣削燕尾槽（块）

① 燕尾槽的铣削步骤

a. 铣削直角槽后换装燕尾槽铣刀，如图 3-26（a）所示。考虑铣刀的刚度，刀柄不应伸出过长。

b. 槽深对刀时，目测使燕尾槽铣刀与直角槽中心大致对准，垂向上升工作台，使铣刀端面刃齿与工件直角槽底接触，并调整槽深为 8.10mm。

c. 铣削燕尾槽一侧时 [如图 3-26（a）所示]，先使铣刀刀尖恰好擦到工件直角槽一侧，然后按偏移量 s 调整横向，偏移量 s 与槽深 h 和槽形角有关。此处为

$$s = h \cot \alpha = 8.10 \times \cot 60° \approx 4.677 \text{mm}$$

铣削槽一侧时，应将余量分为粗、精加工，粗铣余量为 2.5mm、1.5mm，然后进行预检，如图 3-26（b）所示。放入直径 6mm 的标准圆棒后，工件侧面至一侧圆棒的尺寸为 $(50.05 - 17.91)/2 = 16.07$ mm。

d. 铣削燕尾槽另一侧时 [如图 3-26（c）所示]，应按侧面粗、精铣方法，逐步铣削至槽宽测量尺寸 $17.848^{+0.13}_{0}$mm 范围内。

铣削过程中应注意不能采用顺铣，以免折断铣刀。

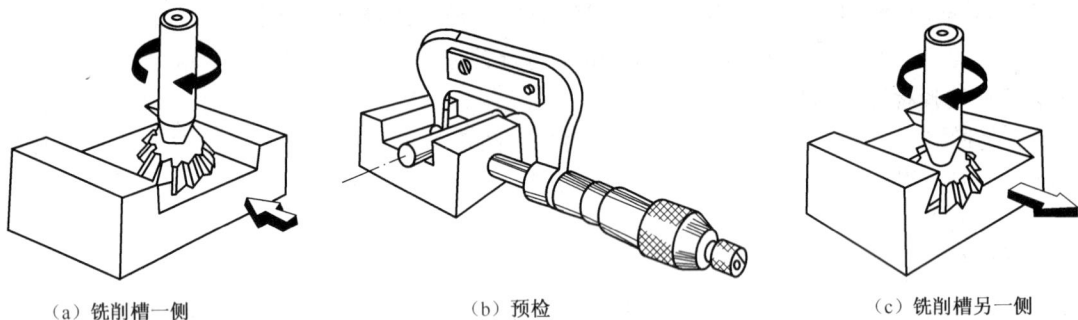

（a）铣削槽一侧　　　　　　（b）预检　　　　　　（c）铣削槽另一侧

图 3-26　铣削燕尾槽

② 燕尾块的铣削步骤

a. 铣削凸台后换装燕尾槽铣刀，考虑铣刀的刚度，刀柄不应伸出过长。

b. 燕尾块高度对刀时，使铣刀端面刃与凸台底面恰好接触，并调整高度尺寸 7.9mm。

c. 铣削燕尾块一侧时 [如图 3-27（a）所示]，侧面对刀使铣刀刀尖恰好擦至凸台侧面，然后按 s 值分粗、精铣削。粗铣后，应进行预检 [如图 3-27（b）所示]，按工件侧面实际尺寸和燕尾块宽度测量尺寸，逐步达到精铣测量尺寸 $(50.05 + 41.31)/2 = 45.68$ mm。

d. 铣削燕尾块另一侧时 [如图 3-27（c）所示]，应按侧面粗、精铣方法，逐步铣削至燕尾块宽度测量尺寸 $41.392^{0}_{-0.16}$mm 范围内。

3. 质量检验分析

（1）检验燕尾槽（块）工件

① 燕尾槽（块）对称度的检验与 V 形槽测量方法相似，侧面的平行度的检验也可采用类似方法，只是测量点在标准圆棒的两端最高点。表面粗糙度用目测比较检验。

② 用游标万能角度尺测量燕尾槽槽形角。由几何关系可知，采用这种测量方法，只要

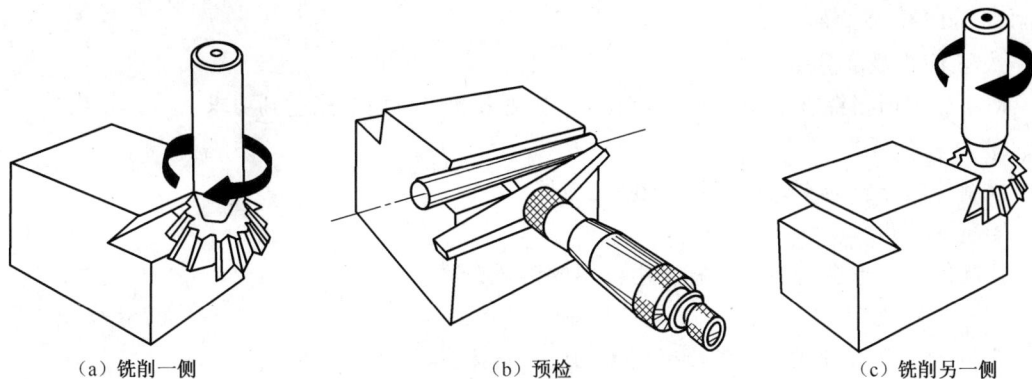

（a）铣削一侧　　　　　　　　（b）预检　　　　　　　（c）铣削另一侧

图 3-27　铣削燕尾块

保证槽底与工件上平面平行，测得的角度即为槽形角。用内径千分尺和外径千分尺测量燕尾槽和燕尾块的宽度时，注意标准圆棒的精度、圆棒与槽侧是否贴合良好。这里选用 6mm 直径标准圆棒时，燕尾槽 l 值应在 17.848 ~ 17.861mm 范围内；燕尾块 l_1 值应在 41.232 ~ 41.392mm 范围内。燕尾槽、燕尾块测量操作示意分别如图 3-44、图 3-45 所示。

（2）燕尾槽（块）加工质量分析

① 燕尾槽（块）宽度尺寸超差的主要原因可能有标准圆棒精度差、测量操作不准确（特别是在用内径千分尺测量槽宽尺寸 l 时）、横向调整操作失误等。

② 燕尾槽（块）对称度超差的原因可能有尺寸计算错误、铣削一侧调整对称度时预检测量不准确、横向调整操作失误等。

③ 燕尾槽（块）与工件侧面不平行的原因可能有机用平口虎钳固定钳口与纵向不平行、工件多次装夹时侧面与虎钳定位面之间有毛刺或脏物、工件两侧面平行度误差大。

④ 燕尾槽（块）槽形角角度误差大的原因可能有铣刀角度选错或角度不准确。

⑤ 燕尾槽（块）侧面粗糙度超差的主要原因有铣刀刃磨质量差、铣刀安装刀柄伸出较长引起铣削振动、铣削余量分配不合理和铣削用量选用不适当等。

任务七　T 形键块切断加工

切断加工图 3-28 所示的 T 形键块。

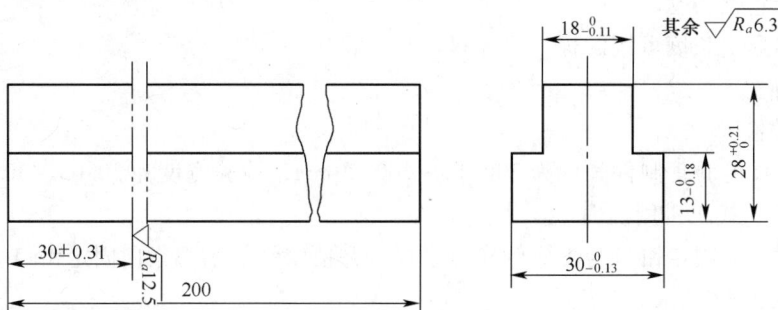

图 3-28　T 形键块

1. 工艺准备

铣削图 3-28 所示 T 形键块时，须按以下步骤进行工艺准备。

（1）分析图样

① 加工精度分析

切断加工的长度尺寸（30 ± 0.31）mm，精度要求比较低，若图样上未标注公差，通常按 js13 ~ js15 的公差加工。

② 表面粗糙度分析

切断面表面粗糙度值均为 $R_a12.5\mu m$，在铣床上切断加工能达到要求。

③ 材料分析

预制件的材料为 45# 钢，其切削性能较好。

④ 形状分析

预制件为 T 形台阶零件，宜采用机用虎钳装夹。

（2）选择铣床

选用 X6132 型卧式万能铣床或同类的卧式铣床。

（3）选择装夹方式

选用机用虎钳装夹工件，工件用平行垫块垫高。

（4）选择刀具

根据图样上工件预制件长度 B'、厚度 t 与切断后成品的数量 n 选择铣刀规格。本任务预制件长度 B' 为 200mm，键块长度 B 为（30 ± 0.31）mm，工件厚度尺寸 t 为 $28^{+0.21}_{0}$mm，成品件数 n 为 6，刀杆垫圈外径 d' 为 40mm。按锯片铣刀外径和厚度计算公式

$$d_0 > 2t + d' = 2 \times 28 + 40 = 96mm$$

$$L < \frac{B' - Bn}{n - 1} = \frac{200 - 30 \times 6}{6 - 1} = 4mm$$

现选用外径为 125mm，宽度为 3 mm 的 48 齿标准锯片铣刀。

（5）确定加工过程

根据图样精度要求，本任务应在卧式铣床上用锯片铣刀切断加工。T 形块切断加工过程为：坯件检验→安装、找正机用虎钳→安装、找正锯片铣刀→装夹工件→切断加工→质量检验。

（6）选择铣削用量

按工件材料（45# 钢）、表面粗糙度要求和锯片铣刀的直径尺寸选择和调整铣削用量，调整主轴转速为 $n = 47.5r/min$，每分钟进给量为 $v_f = 30mm/min$。

（7）选择检测方法

切断后 T 形块长度可用游标卡尺测量。

2. 工件加工

（1）坯件检验

用游标卡尺检验预制件长度为 200.15 ~ 200.20mm，检验宽度为 30.05 ~ 30.10mm。

（2）安装、找正机用虎钳

安装虎钳，使固定钳口与工作台横向平行，并使水平切削力指向固定钳口。

（3）装夹工件

装夹时，工件端面的伸出距离不宜过长，只要大于成品长度与铣刀宽度之和（这里约 35mm），以使切断加工的位置尽量靠近钳口。平行垫块应使工件上平面与钳口基本持平，并与工作台面平行。工件夹持部分较少时，可在虎钳另一端垫一块已锯下的工件一起夹紧。

（4）安装铣刀

锯片铣刀安装时不可采用平键连接刀杆和铣刀，在不妨碍铣削的情况下，尽可能靠近机床主轴。此时铣刀直径比较大，安装后应目测检验其圆跳动，若圆跳动较大，则必须重新安

装，以避免锯片铣刀折断。

（5）T形块的切断加工

① 对刀

侧面法对刀：移动工作台使铣刀外圆最低处低于工件下平面1mm，铣刀侧面与工件端面恰好接触，纵向退刀，横向移动 $S = L + B = 3 + 30 = 33$mm，如图 3-29（a）所示。

测量法对刀：调整工作台，使铣刀处于工件铣削位置上方，将钢直尺端面靠向铣刀的侧面，移动工作台横向，使钢直尺 30mm 刻线与工件端面对齐 [如图 3-29（b）所示]，然后退刀，按垂向对刀记号升高 28mm。

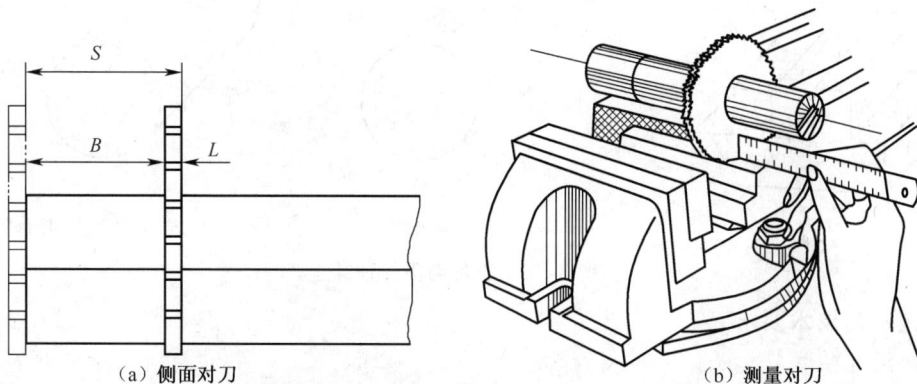

| （a）侧面对刀 | （b）测量对刀 |

图 3-29　切断加工侧面对刀

② 切断加工

开动机床，移动工作台纵向，当铣刀铣到工件后，缓慢均匀手动进给，切削较平稳时可启用自动进给，也可继续手动进给完成切断加工。

3. 质量检验分析

（1）检验T形块的切断加工

切断后，用游标卡尺测量T形块的长度尺寸应在 29.69～30.31mm 范围内。切断的端面与工件的底面与侧面应垂直（按未注公差，用90°直尺测量），垂直度误差应在 0.20mm 以内。

（2）T形块切断加工质量分析

① 长度尺寸超差的主要原因可能有侧面对刀移动尺寸计算错误或操作失误、测量对刀时钢直尺刻线未对准等。

② 切断面垂直度超差的原因可能有工件微量抬起、铣刀偏让、虎钳固定钳口与工作台横向不平行、工件装夹时上平面与工作台面不平行等。

③ 铣刀折断的原因可能有万能铣床上加工工作台零位不准、切断加工时工作台横向未锁紧、铣削受阻停转时没有及时停止进给和主轴旋转、铣刀安装后端面圆跳动过大、工件未夹紧铣削时被拉起等。

3.2　项目基本知识

知识点一　沟槽的种类和技术要求

1. 沟槽的种类

根据沟槽截面的不同，常把沟槽分为直角沟槽和特形沟槽。

常见的直角沟槽有敞开式、封闭式和半封闭式 3 种（如图 3-30 所示），其中半封闭槽的尾部有立式铣刀圆弧（立圆弧）和盘式铣刀圆弧（卧圆弧）两种形式，轴上键槽是用平键连接轴与套的一种典型的直角沟槽。在铣床上铣削加工的特形沟槽有 V 形槽、T 形槽、半圆键槽和燕尾槽等。机床导轨、轴类零件的定位常采用 V 形槽；T 形槽主要用于穿装 T 形螺栓，如机床上工作台上的 T 形槽，用于穿装螺栓装夹工件；燕尾配合通常也用于机床导轨，如铣床的纵向和垂向导轨。

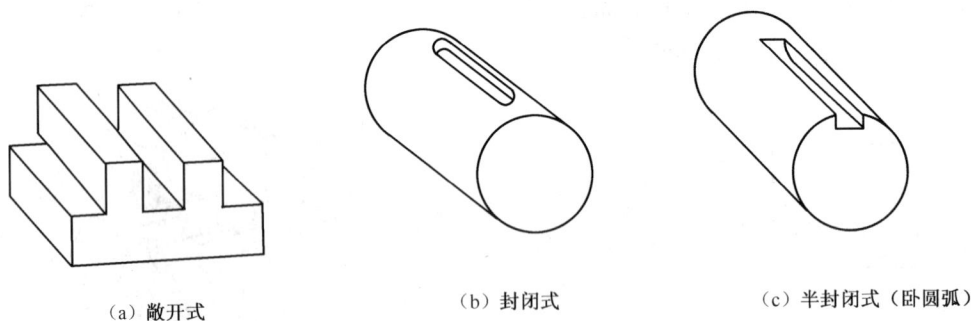

(a) 敞开式　　　　　　　(b) 封闭式　　　　(c) 半封闭式（卧圆弧）

图 3-30　直角沟槽的种类

2. 沟槽的技术要求

（1）尺寸精度

槽的宽度、长度和深度都有一定的尺寸精度要求，尤其是对与其他零件相配合的部位，尺寸精度要求相对较高。如键槽的两侧面，因与平键配合，其宽度尺寸公差≤0.052mm。

（2）形状精度

各种形状的沟槽经铣削加工后，应符合图样的形状精度要求。直角沟槽和特形沟槽都由平面组成，因此，通常有平面度和直线度基本要求。用于配合的半面，其形状要求比较高，如键槽的两侧面、T 形槽基准直槽的两侧面、V 形槽的 V 形面、燕尾槽的配合斜面和水平面等。

（3）位置精度

槽与基准之间一般都有位置精度要求，如轴上键槽一般有槽宽尺寸对工件轴线的对称度要求，又如 T 形槽中间平面与基准侧面的平行度要求，几条 T 形槽之间的平行度要求。此外，对在轴类零件上分布的沟槽，还有等分精度或夹角的要求。

（4）表面粗糙度

对组成槽的各表面都有表面粗糙度要求，用于配合的表面要求较小的表面粗糙度值，如工作台面 T 形槽基准直槽的两侧面常用于夹具定位，因此要求具有较小的表面粗糙度值。

知识点二　直角沟槽与键槽铣削加工方法

1. 常用刀具

直角沟槽由 3 个平面组成，相邻两平面之间相互垂直，两侧面相互平行。直角沟槽通常用盘形铣刀和指形铣刀加工，敞开式直角沟槽可用三面刃铣刀和盘形槽铣刀加工，较宽的直角沟槽可采用合成铣刀加工（如图 3-31 所示）。封闭式直角沟槽采用立铣刀或键槽铣刀加工。半封闭直角沟槽则须根据封闭端的形式确定，立式圆弧采用立铣刀或键槽铣刀加工，卧式圆弧采用盘形铣刀加工。值得注意的是：键槽铣刀在修磨时只能修磨端面齿刃，否则会影响键槽宽度尺寸的铣削精度。

2. 常用装夹方式

矩形工件和箱体零件的装夹方式与铣削平面和连接面时基本相同。轴类工件的装夹方式及其特点如下。

① 用机用虎钳装夹轴类工件，如图 3-32 所示。当机用虎钳在工作台上找正并固定后，固定钳口与导轨上平面与工件台之间的相对位置是不变的，若轴的直径有变化，则后一工件的轴线位置会沿 45°方向发生变化，从而影响工件上槽的对称度和深度尺寸。因此，这种方法适用于单件加工或小批轴径经过精加工且尺寸精度较高的零件。

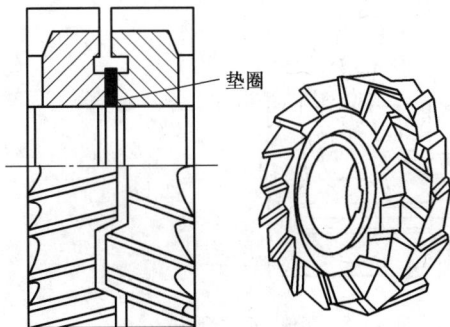

图 3-31　铣削直角沟槽的合成铣刀

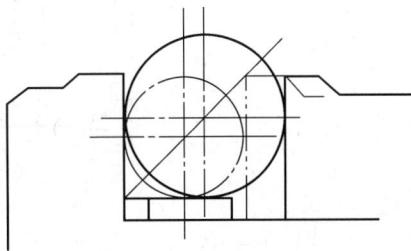

图 3-32　用机用虎钳装夹轴类工件

② 用 V 形块定位装夹轴类工件，如图 3-33（a）所示。当工件直径有变化时，工件的轴线位置将沿 V 形面的角平分线改变，因此在多件或成批加工时，只要指形铣刀的轴线或盘形铣刀的中分线对准 V 形槽的角平分线，铣出的直角槽只会在深度尺寸上有变化，而对称度不会有变化［如图 3-33（b）所示］。但如果在卧式铣床上用指形铣刀铣削，或在立式铣床上用盘形铣刀铣削，若 V 形槽的角平分线仍为垂直时，则工件直径有变化，将会直接影响直角槽的对称度［如图 3-33（c）所示］。对直径在 20～60mm 范围的细长轴，可利用工作台 T 形槽槽口对工件进行定位装夹，装夹方法和定位误差与 V 形块相同。

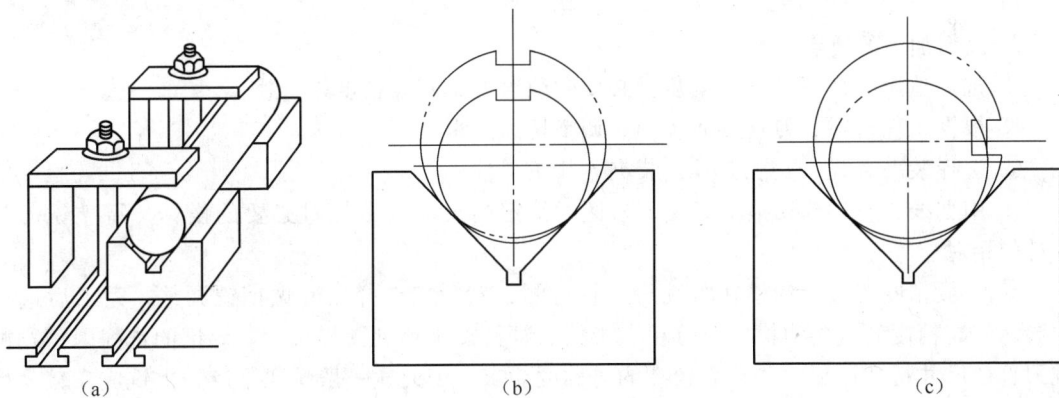

（a）　　　　　　　　　　　　　　　（b）　　　　　　　　　　　　　　　（c）

图 3-33　用 V 形块定位装夹轴类工件

③ 用轴用虎钳装夹轴类工件，如图 3-34 所示。装夹工件时，转动手柄 1，可使钳口 3 和 6 绕销轴 2 和 7 转动，把工件 5 压紧在 V 形块 8 上。轴向定位板 4 用于工件轴向定位。V 形块可根据工件直径大小翻转调换，该虎钳可安装成水平或垂直位置，以便于在立式铣床和卧式铣床采用指形铣刀和盘形铣刀铣削。这种方式的定位误差与 V 形块定位相同。

④ 用定中心方法装夹轴类工件，如图 3-35 所示。用这种方法装夹轴类工件，工件的轴线与工作台面和进给方向平行，调整刀具与工件相对位置后，直角槽的对称度不受工件直径变动的影响，槽深尺寸与尺寸基准有关，其基准为工件轴线，不受直径变动影响；若基准是工件上下线，则会受到影响。其中用三爪自定心卡盘和尾座顶尖装夹方式［如图 3-35

（a）所示］和两顶尖方式［如图 3-35（b）所示］装夹常被用在分度头上，自定心虎钳装夹［如图 3-35（c）所示］因两个钳口都是活动的，使其定心精度比三爪自定心卡盘略差一些。

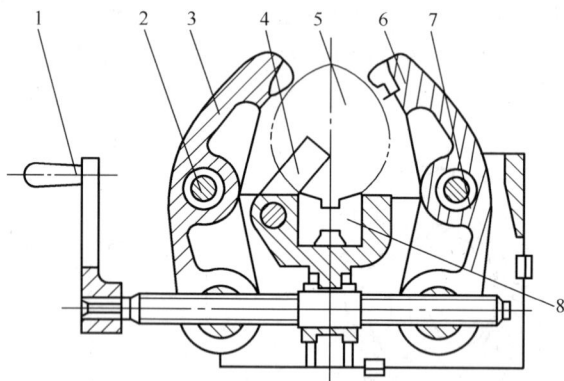

1—手柄；2、7—销轴；3、6—钳口；4—轴向定位板；5—工件；8—V 形块

图 3-34　用轴用虎钳装夹轴类工件

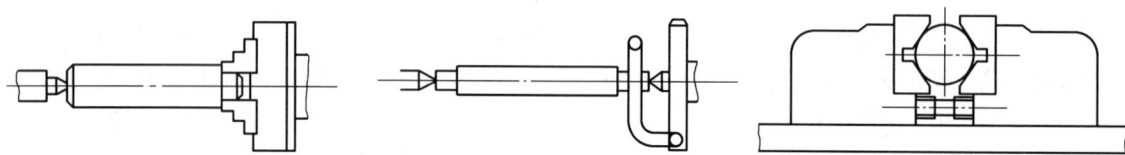

（a）三爪自定心卡盘和尾座顶尖装夹　　　（b）两顶尖装夹　　　（c）自定心虎钳装夹

图 3-35　轴类工件定中心装夹

3. 铣削加工的要点

① 选择适用的铣刀并进行安装，必要时须对刀具安装精度进行找正。

② 根据工件材料、刀具参数选择、调整切削用量。

③ 选择装夹方式，安装夹具，装夹、找正工件。

④ 用划线、擦边或切痕对刀法，按图样给定的尺寸（或经过必要的换算）调整铣刀与工件的相对位置。

⑤ 一般精度的直角沟槽在粗铣后进行检测，然后按图样尺寸做精铣调整，完工后进行检验。较高精度的直角沟槽，可分粗、半精、精铣加工达到图样尺寸。键槽的铣削因槽宽由铣刀直径尺寸精度保证，并且有较高的对称度要求，因此，一般情况下应一次铣成，较大尺寸的键槽可以用小直径的铣刀先进行粗加工，然后根据图样尺寸选用铣刀精铣键槽。

知识点三　特形沟槽铣削加工方法

1. 常用刀具

特形沟槽一般用刀口形状与沟槽形状相应的专用铣刀铣削加工，在单件生产时，也可采用通用铣刀做多次切削或用组合铣刀来铣削。

① 铣削半圆键槽采用半圆键槽铣刀，铣刀的直径略大于半圆键的直径，如图 3-36 所示。半圆键的配合精度较高，因此半圆键槽铣刀的宽度也很精确。铣刀的端面带有中心孔，可在卧铣挂架上安装顶尖，顶住铣刀中心孔，以增加铣刀的刚性，同时可以减小铣削振动，提高铣削加工质量。

② 铣削 T 形槽须选择直槽加工铣刀和 T 形底槽加工铣刀。直槽加工可选择键槽铣刀、立铣刀和三面刃铣刀，T 形底槽选用专用的 T 形槽铣刀，通常有锥柄和直柄两种，如图 3-37 所示。T 形槽铣刀的切削部分与盘形铣刀相似，又可分为直齿和交错齿两种。较小的 T 形槽铣刀，由于受 T 形槽直槽部分尺寸的限制，刀具柄部和刀头连接部分直径较小，因而刀具的刚度和强度均比较低。

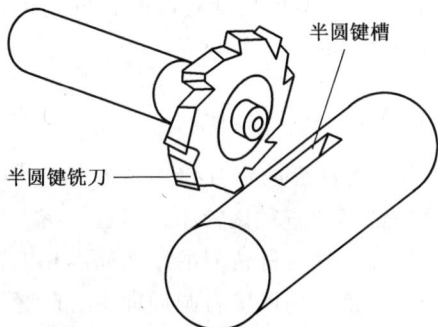

图 3-36　半圆键槽铣刀与半圆键槽

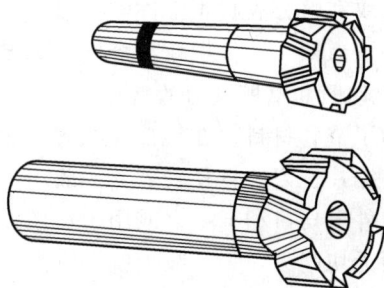

图 3-37　T 形槽铣刀

③ 铣削 V 形槽时，可使用单角度、双角度铣刀，也可将工件转动角度装夹后用三面刃铣刀、立铣刀和面铣刀等标准铣刀加工。

④ 铣削燕尾槽时，通常先用标准铣刀，如三面刃铣刀、面铣刀、立铣刀等加工直槽或凸台，然后使用燕尾槽专用铣刀铣削燕尾槽或燕尾块，如图 3-38 所示。

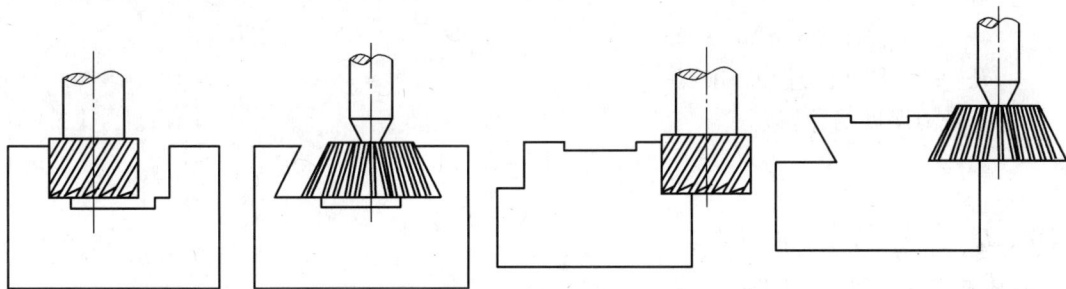

图 3-38　燕尾槽与燕尾块加工

2. 铣削要点

（1）T 形槽的加工要点

T 形槽铣削的步骤是先铣直槽后铣底槽，最后铣削槽口倒角。加工中应注意合理选择 T 形铣刀的切削用量，保证切屑能通畅地排出，钢件应冲注足够的切削液。

（2）半圆键槽的加工要点

铣削半圆键槽时，用划线或切痕对刀法调整铣刀切削位置，以达到图样上键槽的对称度和圆弧中心至轴端基准的尺寸精度要求。铣削中心随着键槽深度增加，切削量会越来越大，通常应采用手动进给。

（3）V 形槽的加工要点

V 形槽铣削时先铣出中间窄槽，然后铣削 V 形面。铣削 V 形面可采用角度铣刀，也可以将工件转动角度装夹或立铣头扳转角度后用标准铣刀加工。对于有着较高工件外形对称度要求的 V 形槽，可以用工件翻转 180°定位装夹的方法铣削 V 形面，以保证达到 V 形槽的对称度要求。

（4）燕尾槽和燕尾块的加工要点

带斜度燕尾铣削的步骤是先铣出直槽，然后铣削一侧带斜度的燕尾半槽，按槽宽（或键宽）尺寸调整工作台，铣削另一侧燕尾半槽。精度要求较高的燕尾槽应在加工过程中采用标准圆棒与内径千分尺配合测量的方法来控制燕尾的宽度尺寸。加工带斜度的燕尾配合件时，应按斜度要求找正工件的基准侧面与进给方向的夹角。夹角精度较高时，可采用正弦规、量块和百分表找正工件。

知识点四　工件切断与窄槽加工方法

1. 切断和窄槽铣刀的特点

为了节省材料，在铣床上切断工件时通常采用薄片圆盘形的锯片铣刀或窄槽（切口）铣刀。锯片铣刀的直径较大，一般用于切断工件；窄槽铣刀的直径比较小，齿也较密，用于铣削工件上切口和窄槽，或用于切断细小的或薄型的工件。这两种铣刀的结构基本相同，铣刀侧面无切削刃。为了减少铣刀侧面与切口之间的摩擦，铣刀的厚度自圆周向中心凸缘逐渐减薄，铣刀用钝后仅修磨外圆齿刃。

2. 切断和窄槽铣削加工要点

（1）切断加工应正确选择锯片铣刀直径和厚度，选择时可按下列算式确定。

选择铣刀外径的计算公式

$$d_0 > 2t + d'$$

式中，d_0——铣刀直径，mm；

t——工件厚度，mm；

d'——刀杆垫圈外径，mm。

选择铣刀厚度的计算公式

$$L < \frac{B' - Bn}{n - 1}$$

式中，L——铣刀厚度，mm；

B'——工件总长，mm；

B——每件长度，mm；

n——要切断工件数。

（2）锯片铣刀的安装应尽量靠近铣床主轴，刀轴与铣刀之间不采用平键连接，并注意铣刀的端面圆跳动和径向圆跳动。

（3）切断加工选择较小的切削用量，加工批量产品的切口可选择较大的切削用量，以提高生产效率。

（4）为防止锯片铣刀折断、打碎，应在铣削中采取提高工件的装夹刚性、使锯片铣刀的外圆恰好与工件底面相切、不使用两侧刀尖磨损不均匀的铣刀等预防措施。

（5）批量生产铣削窄槽、切口的工件（如图3-39所示），一般直径不大，常带有螺纹，因此，装夹时可根据零件形状，采用以下装夹方法。

① 用特制螺母装夹工件的方法，如图3-40（a）所示。先将螺母装夹在三爪卡盘（或机用虎钳）内，再把螺钉旋紧在螺母内。加工时，当第一个螺钉铣准后，以后的工件的加工尺寸是不变的。

② 用对开螺母装夹工件的方法，如图3-40（b）所示。把螺钉放在对开螺母中，再用

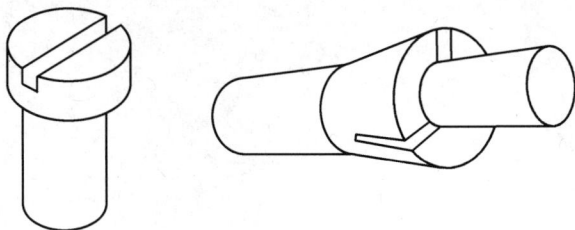

图 3-39　带有窄槽、切口的工件

虎钳（或卡盘）把对开螺母夹紧。

③ 用带硬橡胶的 V 形钳口装夹工件的方法，如图 3-40（c）所示。在机用虎钳上安装带有硬橡胶的 V 形钳口，把工件装夹在 V 形钳口内。这种方法比对开螺母更为简便。

（a）用特制螺母装夹　　　（b）用对开螺母装夹　　　（c）用带硬橡胶的 V 形钳口装夹
图 3-40　装夹带螺纹工件的常用

知识点五　键槽和特形沟槽的测量与检验方法

1. 键槽测量与检验

（1）测量键槽宽度

键槽宽度要求比较高，常用内径千分尺和塞规检验，如图 3-41 所示。

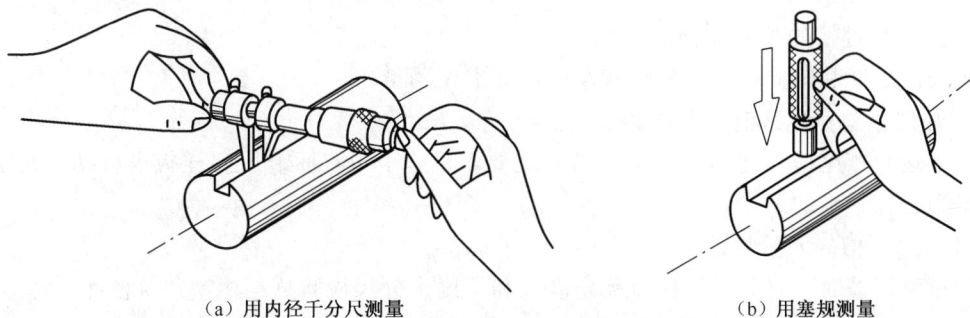

（a）用内径千分尺测量　　　　　　　　　（b）用塞规测量
图 3-41　键槽宽度测量

（2）测量键槽深度

键槽的深度要求不是很高，但尺寸的基准可能是工件上素线、下素线或轴线，测量时常需要进行尺寸换算，如图 3-42 所示。用游标卡尺测量后，若槽深尺寸基准是轴线，则须减去工件实际半径才能得到槽深测量尺寸。

（3）测量键槽对称度

对称度测量的基本方法如图 3-43 所示。先用百分表检测工件的轴线与测量基准面平行（如与测量平板的测量面平行），然后找正键槽的一侧平面与基准平面平行，较小的键槽可塞入键块测量，将工件绕轴线旋转 180°，找正键槽另一侧平面与基准平面平行，并观察百

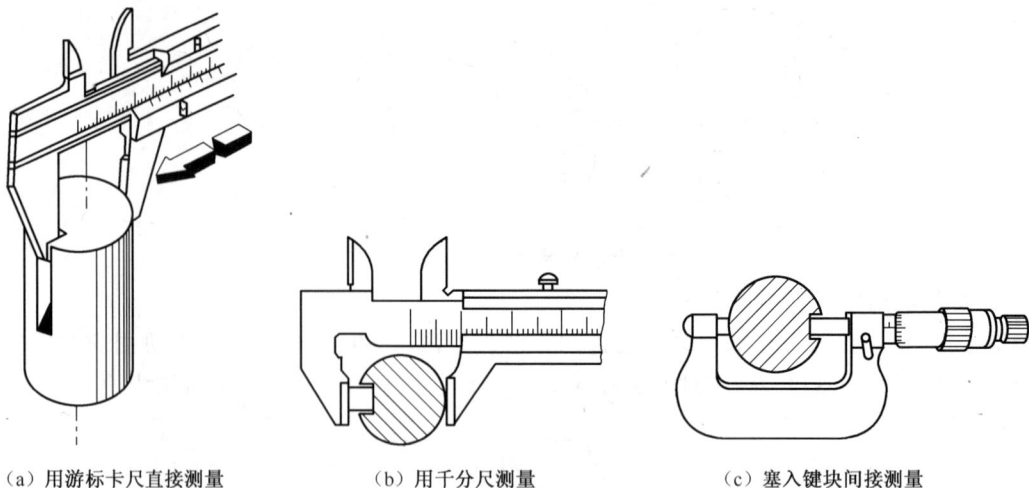

（a）用游标卡尺直接测量 　　（b）用千分尺测量 　　（c）塞入键块间接测量

图 3-42　键槽深度测量

分表的示值，若两侧等高，即百分表示值相同或偏差，但在对称度允许值的范围内，则说明对称度符合图样要求。

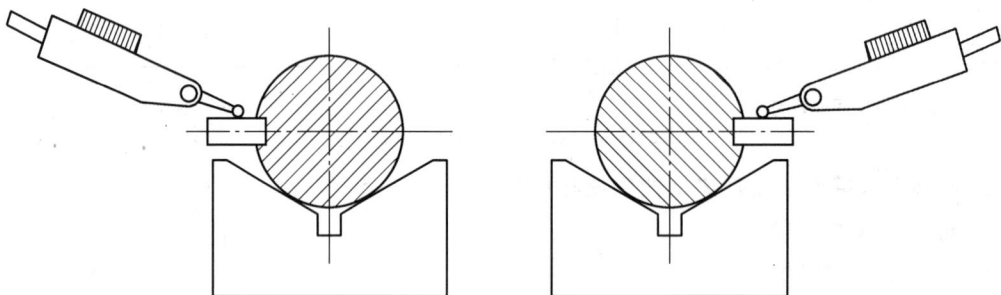

图 3-43　键槽对称度测量

（4）测量键槽的长度和轴向位置

键槽的长度和轴向位置可用钢直尺或游标卡尺测量。

2. 燕尾槽与燕尾块测量与检验

为了达到燕尾槽与键（块）的配合精度要求，除了用游标卡尺和样板进行初步检验外，还应采用比较精确的测量方法。

（1）燕尾槽的测量与计算

测量燕尾槽时，首先用游标万能角度尺和深度千分尺检验燕尾槽槽角及槽深，然后在槽内放两根标准圆棒，用内径千分尺或精度较高的游标卡尺测量出圆棒之间的尺寸，如图 3-44 所示，根据图 3-44（a）的几何关系，可用下式计算燕尾槽的宽度，即

$$b = l + d \left(1 + \cot\frac{\alpha}{2}\right) - 2H\cot\alpha$$

$$A = l + d \left(1 + \cot\frac{\alpha}{2}\right)$$

式中，A——燕尾槽的最大宽度，mm；

l——两圆棒测量面之间的距离，mm；

α——燕尾槽的角度，°；

H——燕尾深度，mm；

d——标准棒直径，mm；

b——燕尾槽最小宽度，mm。

当 $\alpha = 55°$ 时，燕尾槽宽度为

$$b = l + 2.921d - 1.4H$$

当 $\alpha = 60°$ 时，燕尾槽宽度为

$$b = l + 2.732d - 1.155H$$

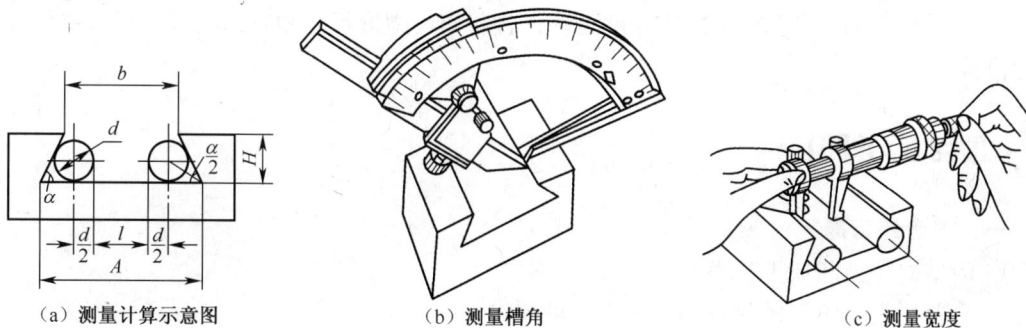

（a）测量计算示意图　　　　　（b）测量槽角　　　　　（c）测量宽度

图 3-44　燕尾槽测量计算

（2）燕尾块的测量与计算

燕尾块的测量与计算如图 3-45 所示。

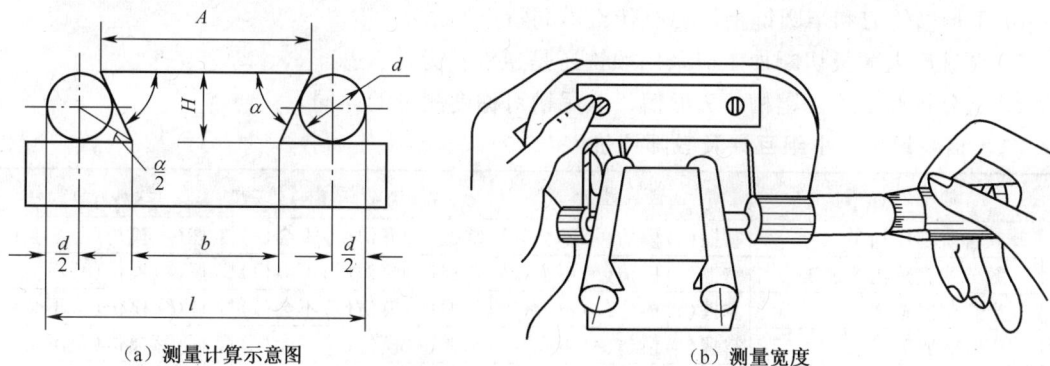

（a）测量计算示意图　　　　　　　　（b）测量宽度

图 3-45　燕尾块测量计算

$$A = l + 2H\cot\alpha - d\left(1 + \cot\frac{\alpha}{2}\right)$$

$$b = l - d\left(1 + \cot\frac{\alpha}{2}\right)$$

式中，A——燕尾块的最大宽度，mm；

　　　l——两圆棒测量面之间的距离，mm；

　　　α——燕尾块的角度，°；

　　　H——燕尾深度，mm；

　　　d——标准棒直径，mm；

　　　b——燕尾块最小宽度，mm。

当 $\alpha = 55°$ 时，燕尾槽宽度为

$$A = l - 2.921d$$

当 $\alpha = 60°$ 时，燕尾槽宽度为

$$A = l - 2.732d$$

3. 其他特形沟槽测量检验要点

（1）半圆键槽的测量方法与平键槽基本相同，在测量圆弧深度时，可借助半圆键块进行间接测量。

（2）V形槽的槽形角测量与斜面测量方法相同。当槽对外形有对称度要求时，可采用与键槽测量对称度相似的方法进行测量。

（3）T形槽的尺寸通常用游标卡尺测量，若制作与槽形尺寸相符的样板，可直接用样板进行检验。

项目学习评价

一、思考练习题

1. 沟槽的种类和加工技术要求是什么？
2. 简要分析直角沟槽与基准面不平行的原因。
3. 试分析V形槽铣削后对称度和槽形角超差的原因。
4. 用内径千分尺测量直角沟槽宽度应注意哪些问题？
5. 简述轴类工件的装夹方式及各自的特点。
6. T形槽铣刀和半圆键槽铣刀有什么不同特点？
7. 在铣床上薄板切断加工应采用顺铣还是逆铣？为什么？
8. 试分析双台阶、键槽、V形槽、燕尾槽对称度测量的异同。

二、自我评价、小组互评及教师评价

评价内容		自我评价	小组互评	教师评价
技能	双台阶零件加工	掌握（ ）模仿（ ）不会（ ）	掌握（ ）模仿（ ）不会（ ）	掌握（ ）模仿（ ）不会（ ）
	敞开式直角沟槽加工	掌握（ ）模仿（ ）不会（ ）	掌握（ ）模仿（ ）不会（ ）	掌握（ ）模仿（ ）不会（ ）
	半封闭键槽加工	掌握（ ）模仿（ ）不会（ ）	掌握（ ）模仿（ ）不会（ ）	掌握（ ）模仿（ ）不会（ ）
	V形槽加工	掌握（ ）模仿（ ）不会（ ）	掌握（ ）模仿（ ）不会（ ）	掌握（ ）模仿（ ）不会（ ）
	T形槽加工	掌握（ ）模仿（ ）不会（ ）	掌握（ ）模仿（ ）不会（ ）	掌握（ ）模仿（ ）不会（ ）
	燕尾槽和燕尾块加工	掌握（ ）模仿（ ）不会（ ）	掌握（ ）模仿（ ）不会（ ）	掌握（ ）模仿（ ）不会（ ）
	T形键块切断加工	掌握（ ）模仿（ ）不会（ ）	掌握（ ）模仿（ ）不会（ ）	掌握（ ）模仿（ ）不会（ ）
知识	沟槽的种类和技术要求	应用（ ）理解（ ）不懂（ ）	应用（ ）理解（ ）不懂（ ）	应用（ ）理解（ ）不懂（ ）
	直角沟槽与键槽铣削加工方法	应用（ ）理解（ ）不懂（ ）	应用（ ）理解（ ）不懂（ ）	应用（ ）理解（ ）不懂（ ）
	特形沟槽铣削加工方法	应用（ ）理解（ ）不懂（ ）	应用（ ）理解（ ）不懂（ ）	应用（ ）理解（ ）不懂（ ）
	工件切断与窄槽加工方法	应用（ ）理解（ ）不懂（ ）	应用（ ）理解（ ）不懂（ ）	应用（ ）理解（ ）不懂（ ）
	键槽和特形沟槽的测量与检验方法	应用（ ）理解（ ）不懂（ ）	应用（ ）理解（ ）不懂（ ）	应用（ ）理解（ ）不懂（ ）
简单评语				

三、个人学习总结

从学习的过程、技能练习提高、知识领会感悟、操作体验、需要提高之处、希望改进及对教学的建议等方面写出一份不少于300字的项目报告。

项目四 外花键和离合器的铣削

花键连接是一种能传递较大转矩和定心精度的连接形式。按键齿的形状不同，常用的花键分为矩形花键和渐开线花键两类，如图 4-1 所示。离合器是依靠端面上的齿与相互嵌入或脱开来传递或切断动力的，在铣床上常铣削矩形齿和尖齿离合器，如图 4-2 所示。

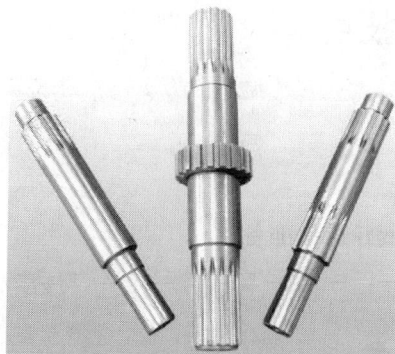

（a）矩形花键

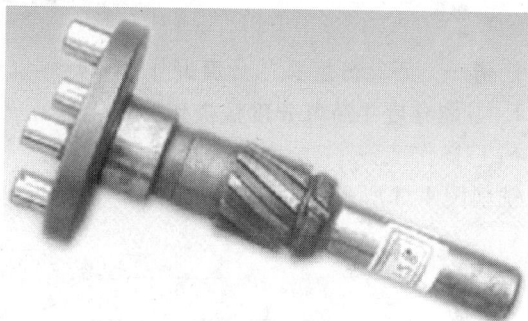

（b）渐开线花键

图 4-1 花键

（a）铣矩形齿离合器

（b）铣尖形齿离合器

图 4-2 铣离合器

项目学习目标

（1）技能目标

① 利用分度头铣削角度面，工件尺寸公差达到 IT9，角度误差 ±5′，对称度达到 7 级，

表面粗糙度达到 $R_a3.2\mu m$。

② 用分度头刻线（平面、圆柱面上），线条清晰，粗细相等，长短分清，间距准确。

③ 粗铣外花键：键宽尺寸公差 IT10 级；齿侧平行度为 100∶0.05mm，齿侧对称度为 0.08~0.10mm，等分误差为 0.07mm；小径公差为 IT12 级；表面粗糙度达到 $R_a6.3~3.2\mu m$。

（2）知识目标

① 了解外花键的种类与定心方式。

② 掌握外花键的检验方法。

③ 了解离合器的种类。

④ 掌握零件的铣削质量分析。

项目基本功

4.1　项目基本技能

任务一　万能分度头的分度操作

1. 万能分度头简单分度法操作

（1）操作准备

铣削图 4-3 所示的直齿轮等分操作须按以下步骤做好操作准备。

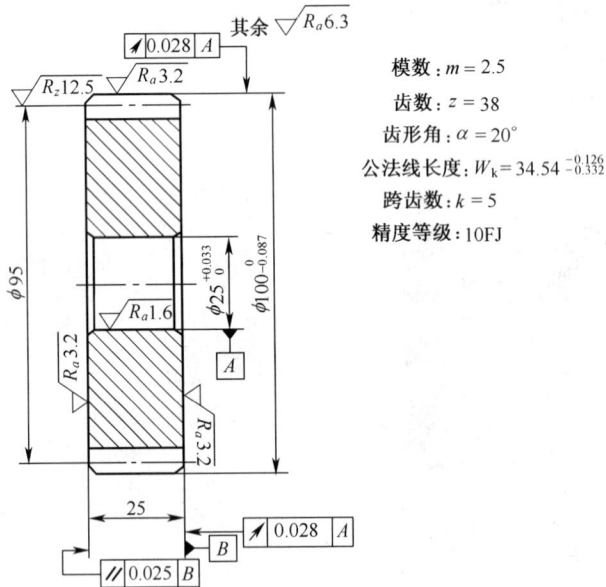

模数：$m = 2.5$

齿数：$z = 38$

齿形角：$\alpha = 20°$

公法线长度：$W_k = 34.54^{-0.126}_{-0.332}$

跨齿数：$k = 5$

精度等级：10FJ

图 4-3　直齿圆柱齿轮零件图

① 分析分度数

直齿轮齿数为 38，即等分数为 38，圆周等分。

查分度盘的孔圈数规格，有 38 孔的孔圈，即可进行简单分度。

② 安装分度头

选择万能分度头型号。根据工件直径选用 F11125 型分度头。

安装分度头。擦净分度头底面和定位键的侧面，将分度头安装在工作台中间的 T 形槽内，用 M16 的 T 字头螺栓压紧分度头。在压紧过程中，注意使分度头向操作者一边拉紧，以使底面定位键侧面与 T 形槽定位直槽一侧紧贴，以保证分度头主轴与工作台纵向平行。

③ 计算分度手柄转数 n

按简单分度法计算公式和等分数 $z = 38$，分度头手柄转数为

$$n = \frac{40}{z} = \frac{40}{38} = 1\frac{2}{38} \text{r}$$

④ 调整分度装置

a. 选装分度盘

若原装在分度头上的分度盘中有 38 孔圈，可不必另行安装。若原装的分度盘不含有 38 孔圈，则需换装分度盘，具体操作步骤如下。

（a）松开分度手柄紧固螺母，拆下分度手柄。

（b）拆下分度叉压紧弹簧圈。

（c）拆下分度叉。

（d）松开分度盘紧固螺钉，并用两个螺钉旋入孔盘的螺纹孔，逐渐将孔盘顶出安装部位，拆下分度盘。

（e）选择含有 38 孔圈的分度盘，按拆卸的逆顺序安装分度盘。安装分度手柄时，注意将孔内键槽对准手柄轴上的键块。

b. 调整分度销位置

松开分度销紧固螺母，将分度销对准 38 孔圈位置，然后旋紧紧固螺母。旋紧螺母时，注意用手按住分度销，以免分度销滑出损坏孔盘和分度销定位部分。

c. 调整分度叉位置

松开分度叉紧固螺钉，拨动叉片，使分度叉之间含 2 个孔距（即 3 个孔），并紧固分度叉。

（2）简单分度操作

① 消除分度间隙。在分度操作前，应按分度方向（一般是顺时针方向）摇分度手柄，以消除分度传动机构的间隙。

② 确定起始位置。通常为了便于记忆，主轴的位置最好从刻度的零位开始，而分度销的起始位置最好从两边刻有孔圈数的圈孔位置开始。

③ 为了便于在分度过程中进行校核，一般操作中可应用以下验算方法。

a. 分度过程中的任一等分数 z_i 时，分度叉的孔距数 n_1 的累计数 $n_i = n_1 \times z_i$。如 38 等分的操作过程中，等分数 $z_i = 3$ 时，分度叉孔距的累计数为

$$n_i = n_1 \times z_i = 2 \times 3 = 6$$

根据以上计算方法，要使分度销重新回复到起始孔位置，本任务须经过 19 次等分操作，即

$$n_i = n_1 \times z_i = 2 \times 19 = 38$$

或

$$z_i = \frac{n_i}{n_1} = \frac{38}{2} = 19$$

由于分度操作整转数不宜出错，孔距数的分度位置容易发生差错，而运用以上方法，可

以在分度操作过程中，通过分度销的插入位置，复核当前分度手柄的分度操作是否准确。

b. 分度过程中的任一等分数与分度头主轴的转动度数有密切的关系，如本任务为 38 等分，每一等分的中心角 θ_1 为 $360°/38 \approx 9.47°$，因此在任一等分 z_i 时，分度头主轴转过的度数 $\theta_i = \theta_1 \times z_i$。若第 15 次等分后，分度头主轴应转过的度数为

$$\theta_i = \theta_1 \times z_i \approx 9.47° \times 15 = 142.05°$$

c. 若进行铣削加工或划线，可通过工件等分位置的间距来判断分度的准确性。如等分圆周上的每一等分的弧长尺寸，任务工件直径为 95mm，38 等分后，每一等分所占的外圆周弧长 S_n 为

$$S_n = \frac{\pi D}{z} = \frac{3.14 \times 95}{38} = 7.85 \text{mm}$$

④ 分度操作。拔出分度销，将分度销锁定在收缩位置，分度手柄转过 1 转又 38 圈孔中 2 个孔距，将分度销插入圈孔中。如等分用于铣削加工，应注意分度前松开主轴紧固手柄，分度后销紧主轴紧固手柄。

2. 万能分度头简单角度分度法操作

（1）操作准备

铣削时，若需按图 4-4 所示的轴上两条半圆键槽之间的夹角分度操作，须按以下步骤做好操作准备。

① 分析分度数

轴上有两条半圆键槽，半圆键槽中间平面之间的夹角为 116°，属于角度分度。

因角度值比较简单，仅为 "°" 单位，可直接使用简单角度分度。

② 安装分度头

选择万能分度头型号。根据工件直径选用 F11125 型分度头。

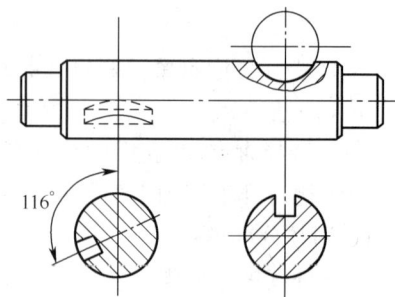

图 4-4 具有半圆键槽的轴

安装分度头。将分度头安装在工作台中间的 T 形槽内，用 M16 的 T 字头螺栓压紧分度头。本任务还需安装顶尖和尾座。

③ 计算分度手柄转数 n

按简单角度分度法计算公式和直角槽的夹角 116°，本任务分度头手柄转数为：

$$n = \frac{\theta}{9°} = \frac{116°}{9°} = 12\frac{8}{9} = 12\frac{48}{54} \text{r}$$

④ 调整分度装置

a. 选装分度盘：换装具有 54 圈孔的分度盘。

b. 调整分度销位置：松开分度销紧固螺母，将分度销对准 54 孔圈位置，然后旋紧紧固螺母。

c. 调整分度叉位置：松开分度叉紧固螺钉，拨动叉片，使分度叉之间含 48 个孔距（即 49 个孔），并紧固分度叉；角度在分度盘上通过点数，确定角度分度与分子数相同的孔距数，并用彩色粉笔做好记号。

（2）简单角度分度操作

① 消除分度间隙。在分度操作前，顺时针摇分度手柄，消除分度传动机构的间隙。

② 确定起始位置。使分度头主轴的位置从主轴刻度的零位开始,分度销的起始位置最好从两边刻有孔圈数的圈孔位置开始。

③ 为了便于在分度过程中进行校核,一般操作中可应用以下验算方法。

a. 为避免48孔距(49孔)数点数错误,一般在做好起始和终点位置记号后,再点以下一圈孔的余数,即顺时针点数终点至起点的孔数应为 54 - 48 = 6,注意此孔数不包括终点孔。

b. 分度过程中分度头主轴刻度盘的度数应转过116°。

④ 分度操作。铣削完第一条半圆键槽后,松开主轴紧固手柄,拔出分度销,将分度销锁定在收缩位置,分度手柄转过12转又54圈孔中48个孔距,将分度销插入圈孔中,销紧主轴紧固手柄,可铣削第二条半圆键槽。

任务二 外花键轴的铣削

花键轴与齿轮花键孔配合使用,在机床、汽车等机械传动中作为变速机件广泛采用。在铣床上加工以矩形花键轴为多见,适用于单件生产。外花键轴的铣削图样如图4-5所示。

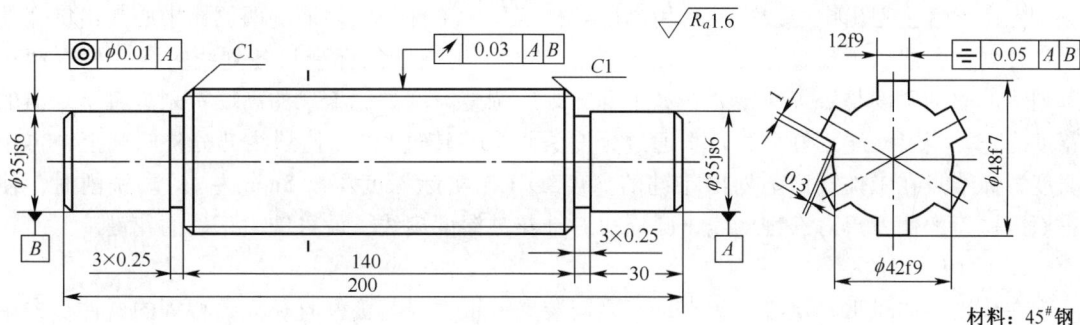

图 4-5 外花键轴的铣削图样

1. **工艺准备**

(1) 图样分析

① 尺寸分析

a. 花键宽度尺寸为 12f9,键宽对工件轴线的对称公差为 0.05mm,平行度公差为 0.06mm。

b. 小径尺寸为 42f9。

c. 花键大径尺寸为 ϕ48f7、圆柱面的长度 140mm。

d. 在小径和齿侧的连接部位,有深 0.3mm、宽 1mm 的沉割槽。

e. 工件的大径对轴线的圆跳动公差为 0.03mm。

② 材料分析

工件为 45# 钢,切削性能较好。

③ 形体分析

预制件为轴类零件,两端有定位中心孔,采用两顶尖、拨盘和鸡心夹头装夹。

(2) 选择铣床

根据图样的精度要求,为操作方便,选用 X6132 型等类似的卧式铣床,用 F11125 型万能分度头。

(3) 铣刀的选用

a. 选择铣削中间槽和键侧的铣刀:63mm × 22 mm × 8 mm 的直齿三面刃铣刀。

b. 选择铣削小径圆弧面的铣刀：63mm×22 mm×1.60 mm 的标准细齿锯片铣刀。

（4）确定加工过程

在立式铣床上加工零件的铣削过程为：预检工件→安装找正分度头、尾座→安装三爪卡盘，装夹和找正工件→安装三面刃铣刀→切痕对刀并调整中间槽铣削位置→铣中间槽→试铣键两侧并调整铣削位置→铣键一侧（六面）→铣键另一侧→调整试铣小径180°对称圆弧面铣削位置→铣小径圆弧面→检验。

2. 零件加工

（1）用单铣刀铣削

① 安装分度头和三爪卡盘

安装分度头、找正分度头主轴与纵向进给方向和工作台台面平行度。

② 对刀

a. 按划线对刀法

先在工件上划出中心线，然后用高度游标卡尺在工件外圆表面的两侧比中心高出键宽的一半各划一条线，再通过分度头将工件转过180°，用高度游标卡尺各划线一条。检查两次所划线之间的宽度是否等于键宽，如不等，则应调整高度游标卡尺的高度重划，直至划出的宽度为止。当尺寸线划好后，再次通过分度头将工件转过90°，使划线部分外圆朝上，再用高度游标卡尺在工件端面上划出花键的深度线（比实际深度深0.5mm左右）。铣削时，使三面刃铣刀的侧刀刃对准键侧线，圆周刃对准花键深度刻线，就可铣出正确的花键。

b. 试切对刀法

在分度头的三爪自定心卡盘与尾座之间装夹一根直径与工件直径大致相等的试件，先用侧面对刀法或划线对刀法初步对刀，并在试件上铣出适当长度的花键键侧面 A，退出工件，经180°分度后再铣出键侧面 B，接着横向移动工作台铣出另一键侧面 C。

退出工件并将其转过90°，用杠杆百分表比较键侧面 A 和 C 的高度，若高度一致，说明花键的对称度很好；如不一致，则可按高度差值的一半重新调整工作台的横向位置，并使工件转过一个齿距，重复进行试铣、测量，直至花键对称度达到要求，且键宽符合要求，如图4-6所示。

③ 铣削

a. 先铣中间槽，再铣键侧

（a）调整铣削层深度，根据对刀时擦到工件表面的记号，工作台垂向一升量为：

$$H = (D - d_1)/2$$

式中，D——外花键大径尺寸，mm；

d_1——外花键留磨小径，mm。

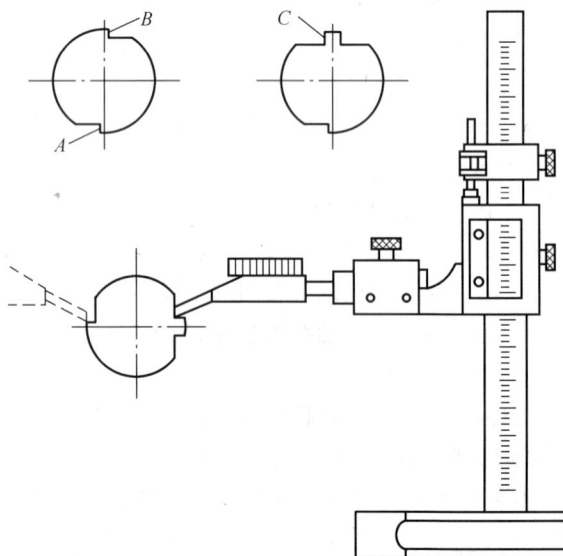

图4-6 用杠杆百分表检测

（b）铣中间槽。铣削层深度调整好后，铣第一条槽，然后分度依次铣完工件6条槽。

（c）铣键侧 A，当中间槽铣完后，将分度头主轴转过 $\theta = 180°/N$，使键处于一方位置，根据原来位置使工作台横向移动 S_1 距离，如图 4-7 所示。

（d）用试切对刀法预检键的对称度，合格后将 6 处 A 面全部铣完。

（e）铣小径圆弧面。当键侧全部铣完后，下降垂向工作台，移动横向工作台，对刀，目测使锯片铣刀处于键的中间，如图 4-8 所示。调整铣削层深度，在花键的外圆处贴一薄纸，开机使铣刀微微擦到工件上的薄纸，退出工件，垂向上升 $H = （D - d_1）/2$。

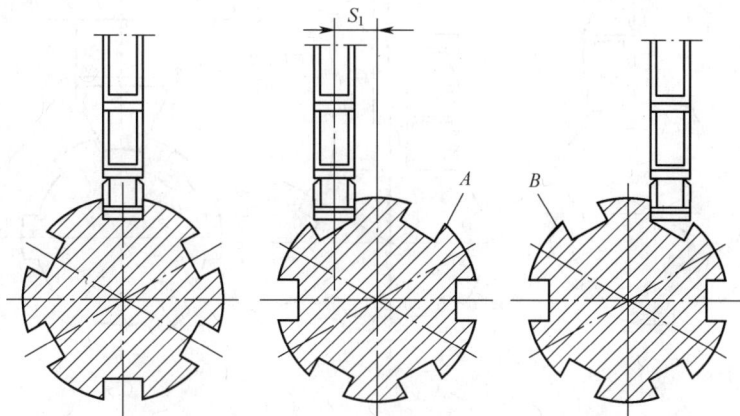

图 4-7　外花键铣削方法

转动工件，从靠近键的一侧处开始铣削，调整好纵向自动进给停止挡铁。每铣完一刀后，摇动分度头手柄使工件转过一个小角度，继续铣削，这样铣出的圆弧面呈多边形。因此工件转过角度越小，越接近圆弧面；铣另一侧面后，再依次铣完全部圆弧面。铣时切不可碰伤键的两侧。

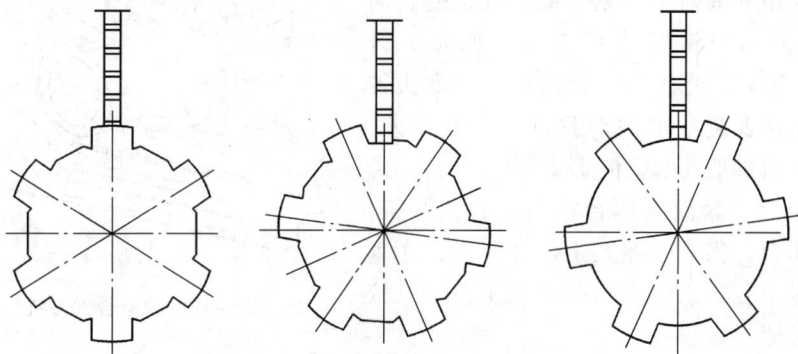

图 4-8　目测锯片铣刀处于键中间

b. 先铣键侧，再铣中间槽

（a）装夹找正工件，用划线法对刀。

（b）调整好铣削层深度，使铣刀微微擦到工件表面后，工作台垂向上升 $H = （D - d_1）/2$ 加上齿侧加深量 0.4mm。

（c）调整好铣削层深度后开机，铣键侧 A，如图 4-9（a）所示。

（d）键侧 A 铣完后，横向工作台移动 $S = L + B + 2（0.3 \sim 0.5）$ mm 的距离，铣出键侧 B，如图 4-9（b）所示。式中 0.3 ~ 0.5 为预铣时单面留的铣削余量。

（e）用试铣对刀法预检键的对称度。

（f）根据检测情况，调整横向工作台位置。

（g）移动横向工作台保证键宽尺寸，依次铣出键侧 B。

（h）铣出小径圆弧面，如图4-9（c）所示。

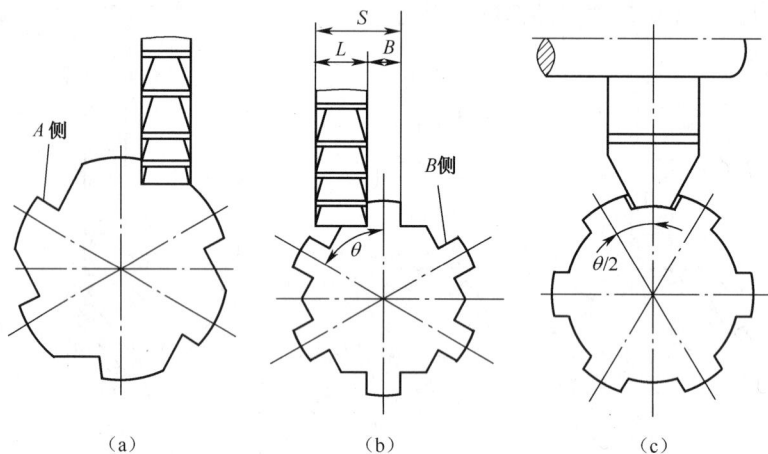

图4-9　键的铣削

（2）用组合铣刀铣削

由于用单刀铣削外花键较麻烦，生产效率低，因此当批量生产时，可采用组合铣刀铣外花键，使花键的两个键侧同时铣出，如图4-10所示。

铣削时，工件的装夹与找正方法与前述相同，对刀可采用划线对刀。划出键宽线，使三面刃铣两内侧齿刃与键宽线相接触，垂向上升2mm，试铣一段后，将工件纵向退出，分度头转过90°，用百分表测量键的对称度。若有偏差，则将工作台横向移动其偏差的1/2。

对刀结束后，紧固工作台横向位置，开机，垂向上升工作台，当铣刀擦至工件外圆时，在垂向刻度盘上做记号，工件退出并垂向上升 H，依次铣完全部键侧。

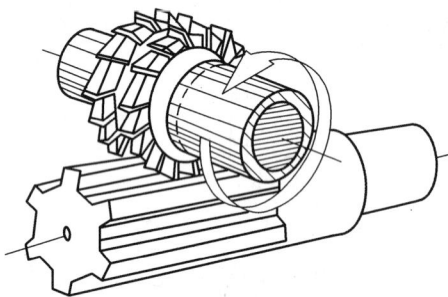

图4-10　用组合铣刀铣外花键

任务三　矩形齿离合器的铣削

矩形离合器也称直齿离合器。根据离合器的齿数，分为奇数齿和偶数齿两种。这两种离合器，齿的侧面都通过工件中心，以保证两个离合能够正确啮合。

1. 铣奇数齿离合器

奇数齿离合器的铣削图样如图4-11所示。

（1）工艺准备

① 图样分析

a. 齿部尺寸分析

（a）矩形齿齿数 $z=7$，在圆周上均布，齿槽中心角为28°，齿端无较大的倒角。

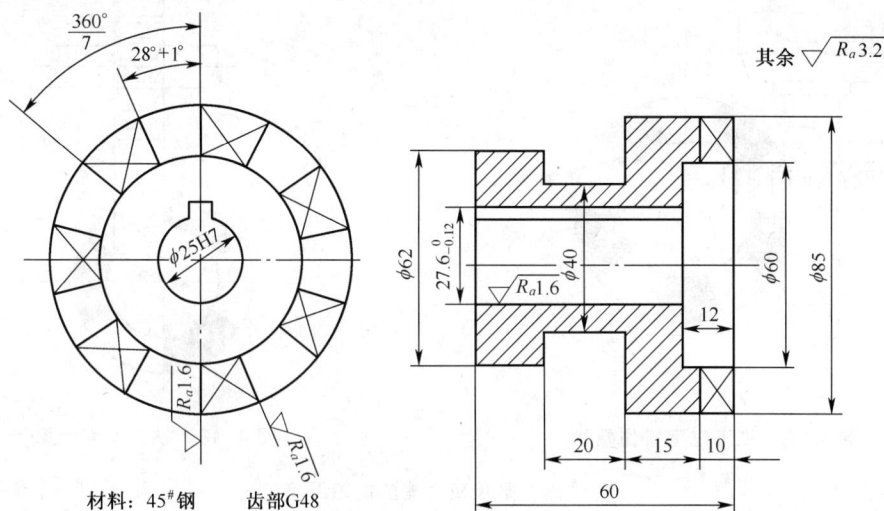

其余 $\sqrt{Ra3.2}$

材料：45#钢　　齿部G48

图 4-11　奇数齿离合器的铣削图样

（b）齿部孔径为ϕ60mm，外径为ϕ85mm，齿高为10mm。

b. 齿面和齿侧加工要求分析

齿槽中心角大于面中心角，齿侧面要求通过工作轴线，属于硬齿齿形，通常硬齿齿形离合器齿槽中心角比齿面中心角大1°~2°，本例相差5°。

c. 材料分析

工件为45#钢，切削性能较好，齿部加工后采用高频淬硬，硬度为48HRC。

d. 形体分析

工件为套类零件，采用三爪自定心卡盘装夹。工件装夹在三爪自定心卡盘上。工件装夹中应找正径向圆跳动和端面圆跳动，如果用芯轴装夹工件，应先将芯轴找正，然后再将工件装夹在芯轴上进行加工。

② 选择铣床

根据图样的精度要求，为操作方便，这里选用 X52K 型等类似的立式铣床。

③ 铣刀的选用

铣奇数直齿离合器时，选用三面刃铣刀或立铣刀。为了使离合器的小端齿不被铣伤，三面刃铣刀的宽度 B 或立铣刀的直径 D（如图 4-12、图 4-13 所示）应略小于齿槽的小端宽度，铣刀宽度（或立铣刀直径）按下式计算。

$$B\ (D)\ \leqslant \frac{d_1}{2}\sin\alpha = \frac{d_1}{2}\sin\frac{180°}{z}$$

式中，$B\ (D)$ ——铣刀宽度（或直径），mm；

d_1 ——离合器内孔直径，mm。

根据公式，本例选用三面刃铣刀，铣刀宽度为

$$B\leqslant \frac{d_1}{2}\sin\alpha = \frac{60}{2}\sin\frac{180°}{7} = 13.014\text{mm}$$

为了避免计算，可查阅表4-1直接获得铣刀厚度尺寸。

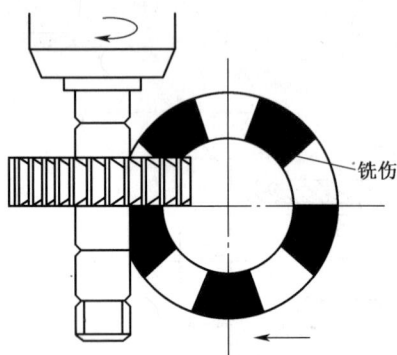

图4-12 铣刀过宽铣伤端齿

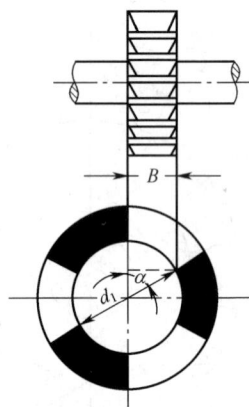

图4-13 铣刀宽度计算

表4-1　　　　　　　　　　铣削奇数齿离合器的铣刀厚度　　　　　　　　（单位：mm）

工件齿数 z	工件齿部孔径													
	10	12	16	20	24	25	28	30	32	35	36	40	45	50
3	4	5	6	8	10	10	12	12	12	14	14	16	16	20
4	3	4	5	6	8	8	8	10	10	12	12	14	14	16
5		3	4	5	6	6	8	8	8	10	10	10	12	14
6		3	4	5	6	6	6	6	8	8	8	10	10	12
7			3	4	4	5	6	6	6	6	6	8	8	10
8				3	4	4	5	5	6	6	6	6	8	8
9				3	4	4	5	5	5	6	6	6	6	8
10					3	3	4	4	5	5	5	6	6	6
11					3	3	4	4	4	5	5	5	6	6
12					3	3	3	3	4	4	4	5	5	6
13						3	3	3	4	4	4	4	5	6
14							3	3	3	4	4	4	5	5
15								3	3	3	3	4	4	5

注：当孔径大于50mm时，可根据表中数值按比例算出。如齿部孔径为70mm，则查35mm的一列后乘2即可。

④ 确定加工过程

在立式铣床上加工零件的铣削过程为：预检工件→安装并调整分度头→安装三爪卡盘，装夹和找正工件→工件表面划中心→计算、选择和安装三面刃铣刀→对刀调整进刀量→试铣、预检齿侧位置→准确调整侧铣削位置和齿深尺寸→依次准确分度铣削→按齿槽中心角28°铣齿侧→检验。

（2）零件加工

① 安装分度头和三爪卡盘

安装分度头、找正分度头主轴与纵向进给方向和工作台台面平行度。计算分度手柄转数 n：

$$n = \frac{40}{z}\text{r} = \frac{40}{7}\text{r} = 5\frac{35}{49}\text{r}$$

为了获得28°齿槽中心角，按等分铣出齿槽后，需转过 $28° - \dfrac{180°}{7} \approx 2.29°$，计算转角度
分度分度手柄转数 Δn：

$$\Delta n = \frac{137.4'}{540'} \approx \frac{13}{49}\text{r}$$

② 对中心

铣削工件时，应使三面刃铣刀的端面刃和立铣刀的圆周刃通过工件中心。一般情况下，装夹、找正工件后，在工件是划出中心线，如图 4-14 所示，然后再按划好的线对好中心，如图 4-15 所示。

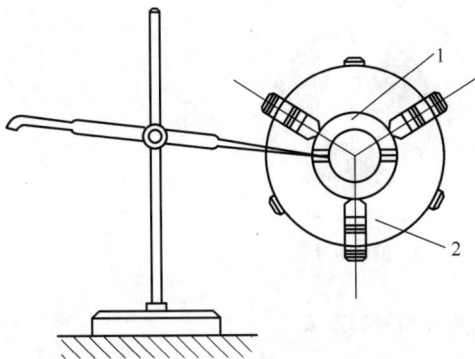

图 4-14　划中心线

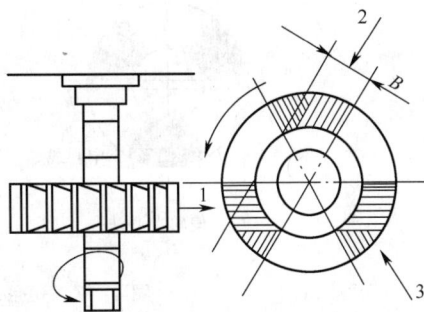

图 4-15　对中心

③ 铣削方法

对好中心铣削工件时，使铣刀切削刃轻轻与工件端面接触，然后退刀。按齿高调整切深，将不使用的进给及分度头主轴锁紧，使铣刀穿过工件整个端面，铣出第一刀，形成两个齿的各一侧面，退刀后松开分度头主轴紧固手柄，分度后铣削第二刀，以同样的方法铣完各齿，走刀次数等于奇数齿离合器的齿数。

2. 铣偶数齿离合器

偶数齿离合器的铣削图样如图 4-16 所示。

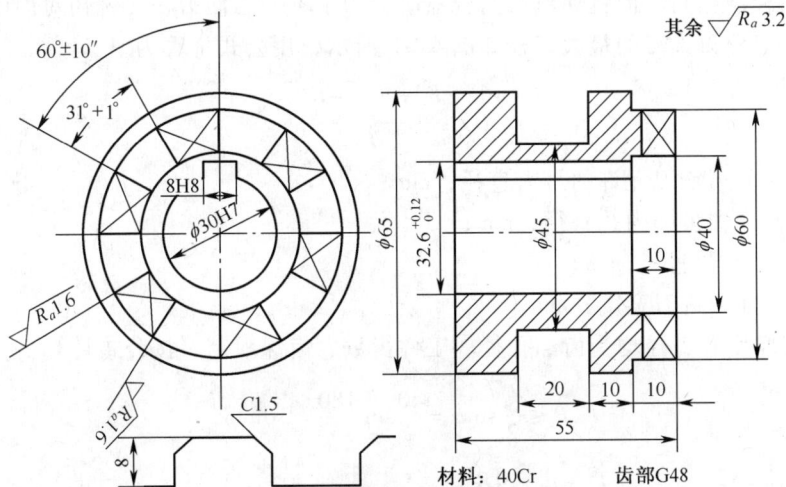

材料：40Cr　　齿部G48

图 4-16　偶数齿离合器的铣削图样

（1）工艺准备

① 图样分析

a. 齿部尺寸分析

（a）矩形齿齿数 $z = 6$，在圆周上均布，齿端倒角 $1.5 \times 45°$。

（b）齿部孔径为 $\phi 40\text{mm}$，外径为 $\phi 60\text{mm}$，齿高为 8mm。

b. 齿形和齿侧加工要求分析

齿槽中心角大于面中心角，齿侧面要求通过工件轴线，属于硬齿齿形。本例齿槽中心角大 $1° \sim 2°$，是软齿齿形，一般是齿侧超过工件中心 $0.1 \sim 0.5\text{mm}$，如图 4-17 所示。

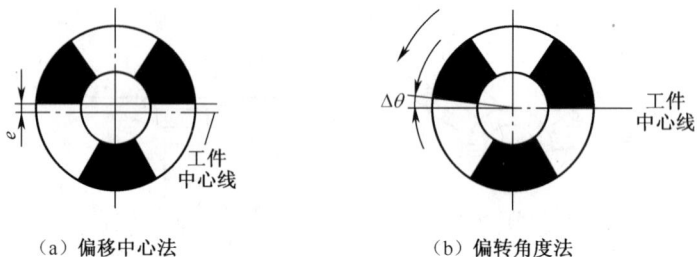

（a）偏移中心法　　　　　　（b）偏转角度法

图 4-17　矩形离合器获得齿侧间隙的方法

c. 材料分析

工件为 40Cr 合金结构钢，切削性能较好，齿部加工后采用高频淬硬，硬度为 48HRC。

d. 形体分析

中间具有拨叉槽的套类零件，采用三爪自定心卡盘装夹。

② 选择铣床

根据图样的精度要求，为操作方便，选用 X6132 型等类似的卧式铣床，用 F11125 型万能分度头。

③ 铣刀的选用

铣偶数齿矩形离合器也用三面刃铣刀或立铣刀，三面刃铣刀的宽度或立铣刀直径的确定与铣奇数齿离合器相同，但铣偶数齿离合器时，为了不使三面刃铣刀铣伤对面的齿面，又能将槽底铣平，三面刃铣刀的最大直径如图 4-18 所示，用公式计算为

$$D \leqslant \frac{T^2 + d_1^2 - 4B^2}{T}$$

式中，D——三面刃铣刀允许的最大直径，mm；

d_1——离合器齿部内孔直径，mm；

T——离合器齿深，mm；

B——三面刃铣刀宽度，mm。

本例铣刀厚度和直径均受齿部孔径、工件齿数、齿深限制，按公式计算：

$$B \leqslant \frac{d_1}{2}\sin\alpha = \frac{40}{2}\sin\frac{180}{6} = 10\text{mm}$$

$$D \leqslant \frac{T^2 + d_1^2 - 4B^2}{T} = \frac{8^2 + 40^2 - 4 \times 10^2}{8} = 158\text{mm}$$

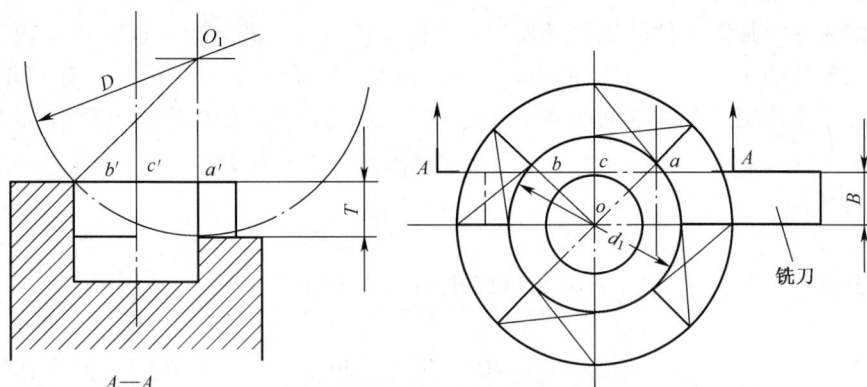

图 4-18　计算三面刃铣刀直径

　　为了避免计算，可查阅表 4-1 直接获得铣刀厚度尺寸，查阅表 4-2 直接获得铣刀直径尺寸。本例查得工件齿数 6、齿部孔径为 40 时的铣刀厚度为 10mm，当齿深为 8mm 时，铣刀直径为 100mm，现选用 80mm×10mm×27mm 的错齿三面刃铣刀。

表 4-2　　　　　　　　　　　铣削偶数齿离合器的铣刀最大直径　　　　　　　（单位：mm）

齿部孔径 d	齿深 T	齿数						
		4	6	8	10	12	14	16
16	≤3	63	80					
	≤3.5	63*	63					
20	≤4	63	80	80				
	≤5	63*	63	63				
	≤6	63*	63*	63				
24	≤4	80	100	100	·100	100		
	≤6	63*	63	63	80	80		
	≤10	63*	63	63	63	63		
30	≤6	80	125	125	125	125	125	
	≤8	63	100	100	100	100	100	
	≤12	63*	63	80	80	80	80	
35	≤6	100	125	125	125	125	125	125
	≤8	80	100	125	125	125	125	125
	≤14	80*	80	80	80	80	80	80
40	≤3	100	125	125	125	125	125	125
	≤12	80	100	125	125	125	125	125
	≤18	80*	80	80	80	100	100	100

　　注：有＊者，应采用宽度较小规格的铣刀进行加工。

④ 确定加工过程

在卧式铣床上加工零件的铣削过程为：预检工件→安装并调整分度头→安装三爪卡盘，装夹和找正工件→工件表面划线→计算、选择和安装三面刃铣刀→第一次对刀并调整进刀量→试铣、预检齿侧位置→准确调整侧铣削位置和齿深尺寸→依次准确分度和铣削一侧→第二次对刀铣削齿另一侧→按 $31°^{+1°}_{0}$ →齿槽中心角铣削齿侧→检验。

（2）零件加工

① 安装分度头和三爪卡盘

安装分度头、找正分度头主轴与纵向进给方向和工作台台面平行度。计算分度手柄转数 n：

$$n = \frac{40}{z}\text{r} = \frac{40}{6}\text{r} = 6\frac{36}{54}\text{r}$$

为了获得31°齿槽中心角，按等分铣出齿槽后，需转过 $31° - \frac{180°}{6} = 1°$，计算转角度分度分度手柄转数 Δn：

$$\Delta n = \frac{1°}{9°} \approx \frac{6}{54}\text{r}$$

② 铣削方法

工件的装夹、找正、划线、对中心的方法与铣奇数齿离合器相同。铣偶数齿离合器时，铣刀不能通过整个工件端面，每次分度，只能铣出一个齿的一个侧面，因此应注意不要铣伤对面的齿，如图4-19所示。

a. 铣削齿右侧对刀

（a）横向第一次对刀时，找正工件端面的中心划线与工作台台面垂直，调整工作台横向，使三面刃铣刀侧刃 I 对准工件端面的划线，如图4-20所示。

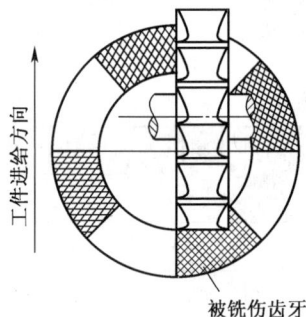

图4-19 铣偶数齿离合器铣伤齿形

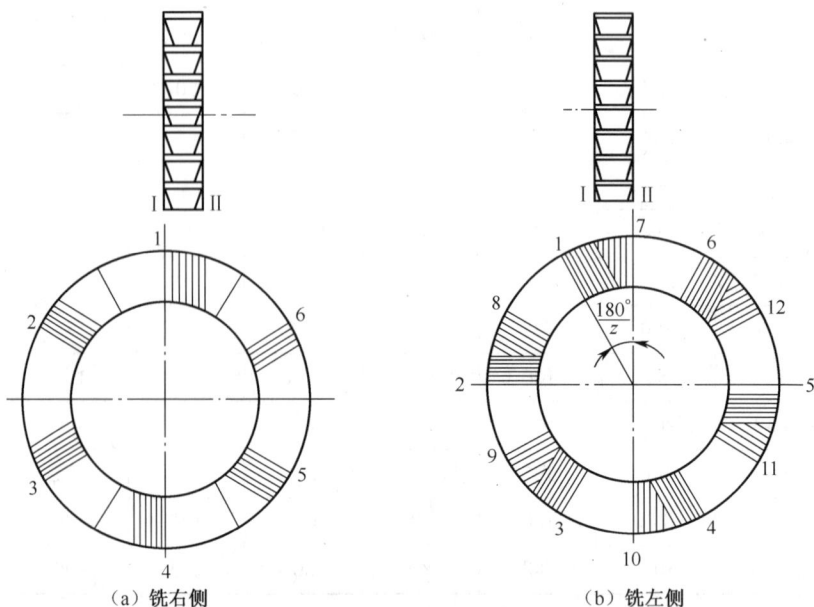

（a）铣右侧   （b）铣左侧

图4-20 偶数齿离合器对刀铣削方法

纵向对刀时，调整工作台，使三面刃铣刀圆周刃恰好擦到工件端面。

（b）试铣、预检。按齿深7mm、齿侧距划线0.3~0.5mm距离试铣一齿侧。试铣后，用游标卡尺测量齿深，用百分表测量侧面位置。

（c）铣右侧。按6等分依次铣削齿右侧1、2、3、4、5、6，如图4-20（a）所示。

b. 铣削齿左侧对刀

根据左侧铣削位置，将工作台横向移动一个工件已铣削槽宽的距离，使铣刀侧刃Ⅱ对准工件轴心，分度头转过一个齿槽角30°，按6等分依次铣削齿右侧7、8、9、10、11、12，如图4-20（b）所示。

c. 铣齿侧间隙

铣齿侧间隙就是将离合器的齿多铣去一些，使槽形大于齿形，便于两个离合器正常啮合。其铣削的方法如下。

（a）偏移中心法

铣刀侧面对好工件中心后，使铣刀的端面刃（或立铣刀圆周刃）超过工件中心0.2~0.3mm，如图4-21（a）所示。使齿的大端至小端铣去一样多，齿侧就产生间隙，这样只是齿侧不通过工件中心，因此只用于精度要求不高的离合器的铣削。

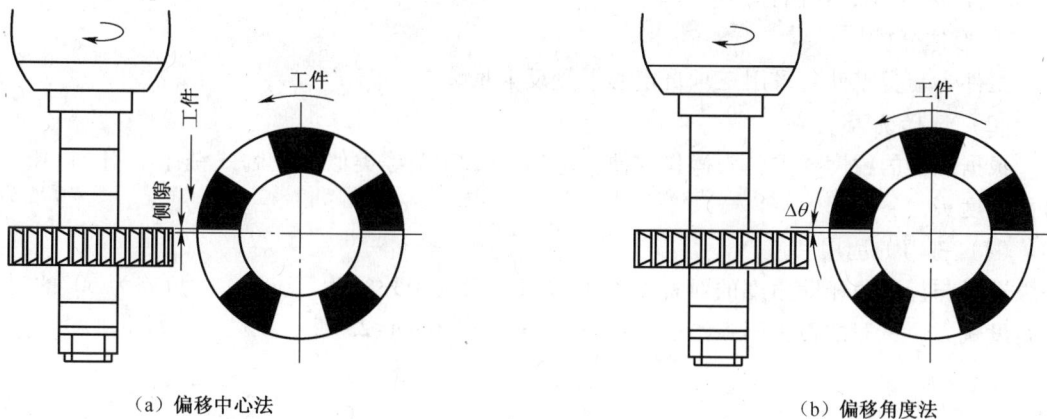

（a）偏移中心法　　　　　　　　　　　　　（b）偏移角度法

图4-21　铣齿侧间隙

（b）偏转角度法

铣刀对准工件中心，将全部齿槽铣完后，使工件转过一个角度Δθ（或按图样要求转过一定角度），这样使齿的大端多铣去一些，齿的小端少铣去一些，使齿侧产生间隙，但齿侧仍通过中心，这种方法适用于精度要求较高的离合器铣削，如图4-19（b）所示。

任务四　尖齿离合器的铣削

尖齿离合器的齿面由两个对称斜面组成。它们的延伸线都通过工件中心，齿形外端大，内端小，向中心收缩，齿形角为60°和90°。尖齿离合器的铣削图样如图4-22所示。

1. 工艺准备

（1）图样分析

① 齿部尺寸分析

a. 离合器齿数 $z=180$，在圆周上均布。

b. 齿部孔径为$\phi100$mm，外径为$\phi120$mm，外圆柱面齿高由齿顶宽度0.1~0.2mm控制。

② 齿形和齿侧加工要求分析

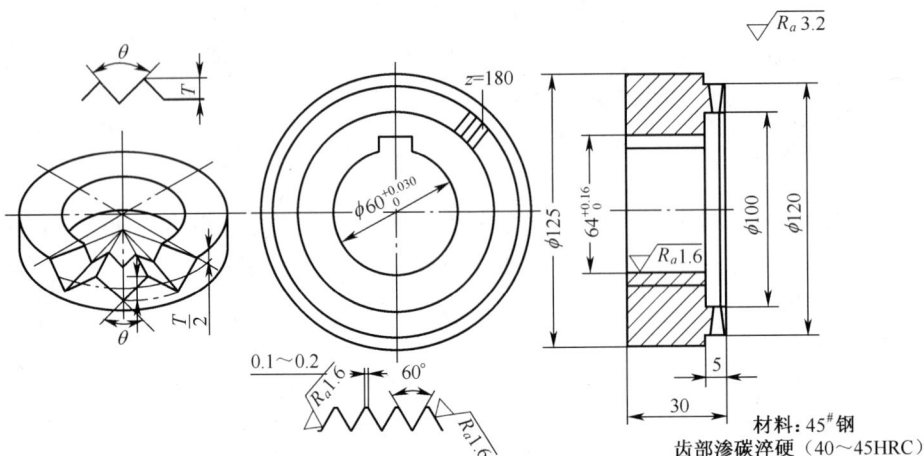

图 4-22　尖齿离合器的铣削图样

齿形角 $60°$，齿侧表面粗糙度为 $R_a1.6\mu m$，齿部渗碳淬硬，硬度为 $40 \sim 45HRC$。

③ 材料分析

工件为 $45^\#$ 钢，切削性能较好。

④ 形体分析

工件为套类零件，采用三爪自定心卡盘反卡爪装夹。

（2）选择铣床

根据图样的精度要求，为操作方便，选用 X6132 型等类似的立卧式铣床，用 F11125 型万能分度头。

（3）铣刀的选用

选择与齿形角相同角度的对称双角度铣刀，现选用外径为 75mm，夹角 θ 为 $60°$ 的对称双角度铣刀，铣刀的刀尖圆弧半径应小于 0.5mm，如图 4-23 所示。

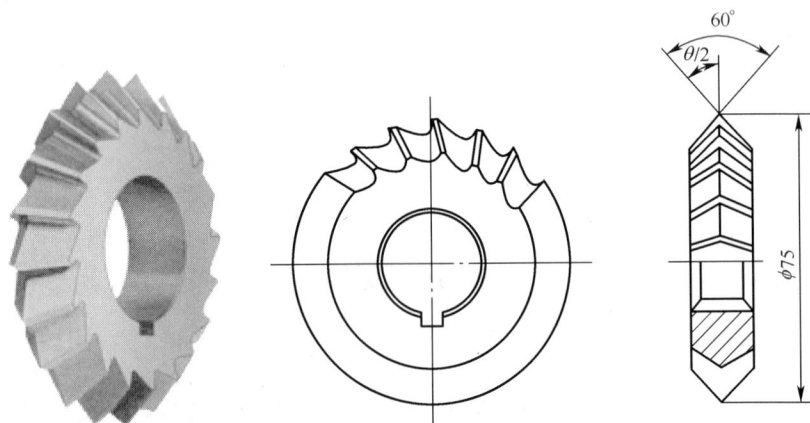

图 4-23　铣尖齿离合器用角度铣刀

（4）确定加工过程

在卧式铣床上加工零件的铣削过程为：预检工件→安装分度头、三爪自定心卡盘→装夹和找正工件→选择和安装铣刀→计算、调整分度头仰角→对刀并调整进刀量→试切、预检齿槽位置→依次等分铣削齿槽→检验。

2. 零件加工

（1）安装分度头和三爪卡盘

安装分度头、找正分度头主轴与纵向进给方向和工作台台面平行度，然后按计算值扳转仰角。计算分度手柄转数 n 和分度头仰角 α：

$$n = \frac{40}{z}\text{r} = \frac{40}{180}\text{r} = \frac{12}{54}\text{r}$$

$$\alpha = \tan\frac{90°}{z}\cot\frac{\theta}{2} = \tan\frac{90°}{180}\cot\frac{60°}{2} \approx 0.01511$$

$$\alpha = 89°9'$$

为了避免计算，可查阅表 4-3 直接获得分度头主轴仰角 α 值。

表 4-3　　　　铣削尖齿离合器时分度头仰角 α 值

要铣的离合器齿数	铣削离合器用双角铣刀角度（θ）		要铣的离合器齿数	铣削离合器用双角铣刀角度（θ）	
	60°	90°		60°	90°
8	69°51'*	78°30'	35	85°32'	87°26'
9	72°13'	79°51'	36	85°40'	87°30'
10	74°05'	80°53'	37	85°47'	87°34'
11	75°35'	81°53'	38	85°54'	87°38'
12	76°50'	82°26'	39	86°00'	87°42'
13	77°52'	83°02'	40	86°06'	87°45'
14	78°45'	83°32'	41	86°12'	87°48'
15	79°31'	83°58'	42	86°17'	87°51'
16	80°11'	84°21'	43	86°22'	87°54'
17	80°46'	84°41'	44	86°27'	87°57'
18	81°17'	84°59'	45	86°32'	88°00'
19	81°45'	85°15'	46	86°37'	88°03'
20	82°10'	85°29'	47	86°41'	88°05'
21	82°34'	85°42'	48	86°45'	88°08'
22	82°53'	85°54'	49	86°49'	88°10'
23	83°12'	86°05'	50	86°53'	88°12'
24	93°29'	86°15'	51	86°46'	88°14'
25	83°45'	86°24'	52	87°00'	88°16'
26	84°01'	86°32'	53	87°03'	88°18'
27	84°13'	86°39'	54	87°07'	88°20'
28	84°25'	86°46'	55	87°10'	88°22'
29	84°37'	86°53'	56	87°14'	88°24'
30	84°47'	86°59'	57	87°16'	88°25'
31	84°57'	87°05'	58	87°19'	88°27'
32	85°06'	87°11'	59	87°24'	88°30'
33	85°16'	87°16'	60	87°24'	88°30'
34	85°25'	87°21'			

注：表中带 * 者为不常用。

（2）铣削

a. 选择主轴转速 $n = 95\text{r}/\text{min}$（$v_\text{c} = 18\text{m}/\text{min}$），进给速度 $v_\text{f} = 37.5\text{mm}/\text{min}$。

b. 对刀。在工件端面上划出中心线，使双角铣刀的刀尖对准中心线，并以约 0.1mm 的深度试切一刀，工件回转 180°再铣一刀，如果两条切痕不重合，则应将工作台横向移动 $\Delta s = a/2$，如图 4-24 所示。

c. 调整分度头，使分度头主轴仰角 $\alpha = 89°9'$。

d. 计算齿深。按工件外径、槽形角、齿数、齿顶宽 0.2mm 计算齿深为：

$$T = \left(\frac{\pi D}{z} - 0.2\right)\cot\frac{\theta}{2} = \left(\frac{3.14 \times 120}{180} - 0.2\right)\cot\frac{60°}{2} \approx 1.64\text{mm}$$

e. 调整工作台垂向、升高 1.5mm 试铣相邻两齿槽，试铣后用游标卡尺预检齿顶宽度（齿顶宽度为 0.01 ~ 0.2mm）。

f. 按分度头手柄转数 n 准确分度，依次铣出全部齿槽，如图 4-25 所示。

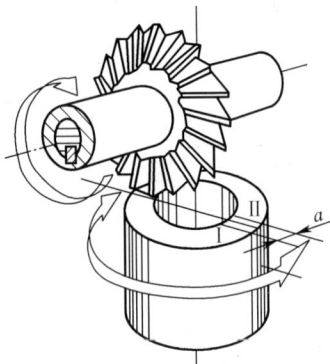

图 4-24　切痕对刀　　　　　　　　　图 4-25　铣尖齿离合器

4.2　项目基本知识

知识点一　万能分度头及附件的功用

1. 分度头的种类

分度头是铣床的附件之一，如图 4-26 所示。许多机械零件（如花键轴、牙嵌离合器、齿轮等）在铣削时，需要利用分度头进行圆周分度，才能铣出等分的齿槽。在铣床上使用的分度头有万能分度头、半万能分度头和等分分度头 3 种。目前常用的万能分度头型号有 F11100A、F11125A、F11160A 等。

2. 万能分度头的主要功用

① 能够将工件做任意的圆周等分，或通过交换齿轮做直线移距分度。

② 能在 -6° ~ +90° 的范围内，将工件轴线装夹成水平、垂直或倾斜的位置。

③ 能通过交换齿轮，使工件随分度头主轴旋转和工作台直线进给，实现等速螺旋运动，用以铣削螺旋面和等速凸轮的型面。

3. F11125 型万能分度头的外形结构与传动系统

F11125 型万能分度头在铣床上较常使用，其主要结构和传动系统如图 4-27 所示。

图 4-26　万能分度头

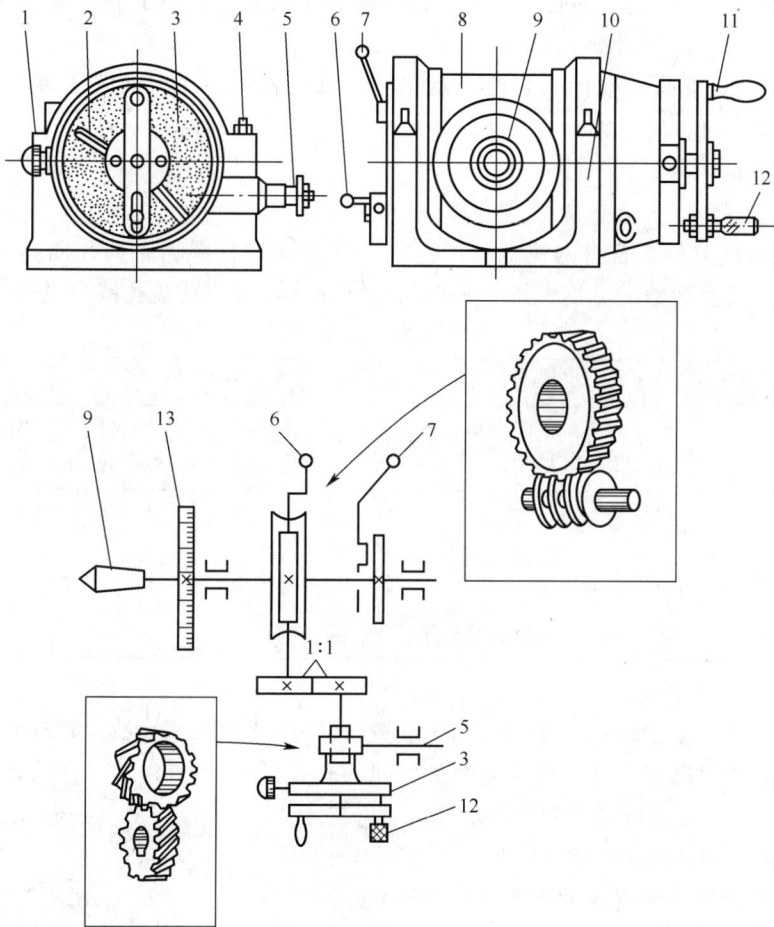

1—孔盘紧固螺钉；2—分度叉；3—孔盘；4—螺母；5—交换齿轮轴；6—蜗杆脱落手柄；
7—主轴锁紧手柄；8—回转体；9—主轴；10—基座；11—分度手柄；12—分度定位销；13—刻度盘

图 4-27　F11125 型万能分度头的外形和传动系统

　　分度头主轴 9 是空心的，两端均为莫氏 4 号内锥孔，前端锥孔用于安装顶尖或锥柄芯轴，后端锥孔用于安装交换齿轮轴，作为差动分度、直线移距及加工小导程螺旋面时安装交换齿轮之用。主轴的前端部有一段定位锥体，用于三爪自定心卡盘连接盘的安装定位。

装有分度蜗轮的主轴安装在回转体 8 内，可随回转体在分度头基座 10 的环形导轨内转动。因此，主轴除安装成水平位置外，还可在 −6°～ +90° 范围内任意倾斜，调整角度前应松开基座上部靠主轴后端的两个螺母 4，调整之后再予以紧固。主轴的前端固定着刻度盘 13，可与主轴一起转动。刻度盘上有 0°～360° 的刻度，可作分度之用。

孔盘（又称分度盘）3 上有数圈在圆周上均布的定位孔，在孔盘的左侧有一孔盘紧固螺钉 1，用以紧固孔盘，或微量调整孔盘。在分度头的左侧有两个手柄：一个是主轴锁紧手柄 7，在分度时应先松开，分度完毕后再锁紧；另一个是蜗杆脱落手柄 6，它可使蜗杆和蜗轮脱开或啮合。蜗杆和蜗轮的啮合间隙可用偏心套调整。

在分度头右侧有一个分度手柄 11，转动分度手柄时，通过一对转动比 1:1 的斜齿圆柱齿轮及一对传动比为 1:40 的蜗杆副使主轴旋转。此外，分度盘右侧还有一根安装交换齿轮用的交换齿轮轴 5，它通过一对速比为 1:1 的交错轴斜齿轮副和空套在分度手柄轴上的分度盘相联系。

分度头基座 10 下面的槽里装有两块定位键。可与铣床工作台面的 T 形槽直槽相配合，以便在安装分度头时，使主轴轴线准确地平行于工作台的纵向进给方向。

4. 万能分度的附件

（1）孔盘

F11125 型万能分度头备有两块孔盘，正面、反面都有数圈均布的孔圈。使用孔盘可以解决分度手柄不是整转数的分度，进行一般的分度操作。常用孔盘孔圈数见表 4-4。

表 4-4　　　　　　　　　　　　　　　孔盘的孔圈数

盘面块	盘的孔圈数
第一块盘	正面：24、25、28、30、34、37、38、39、41、42、43
	反面：46、47、49、51、53、54、57、58、59、62、66
带两块盘	第一块正面：24、25、28、30、34、37
	反面：38、39、41、42、43
	第二块正面：46、47、49、51、53、54
	反面：57、58、59、62、66

（2）分度叉

在分度时，为了避免每分度一次都要计数孔数，可利用分度叉来计数，如图 4-28 所示。

松开分度叉紧固螺钉，可任意调整两叉之间的孔数，为了防止分度手柄带动分度叉转动，可用弹簧片将它压紧在孔盘上。分度叉两叉之间的实际孔数，应比所需的孔距数多一个孔，因为第一个孔是做起始孔而不计数的。图 4-28 所示的就是每分度一次摇过 5 个孔距的情况。

（3）前顶尖、拨盘和鸡心夹头

前顶尖、拨盘和鸡心夹头如图 4-29 所示，是用做支承和装夹较长工件的。使用时，先卸下三爪自定心卡盘，将带有拨盘的前顶尖［如图 4-27（a）所示］插入

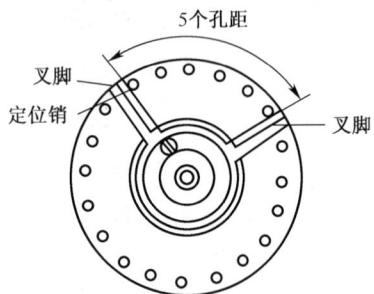

图 4-28　分度叉

分度头主轴锥孔中；图 4-29（b）所示为拨盘，用来带动鸡心夹头和工件随分度头主轴一起转动；图 4-29（c）所示为鸡心夹头，工件可插在孔中用螺钉紧固。

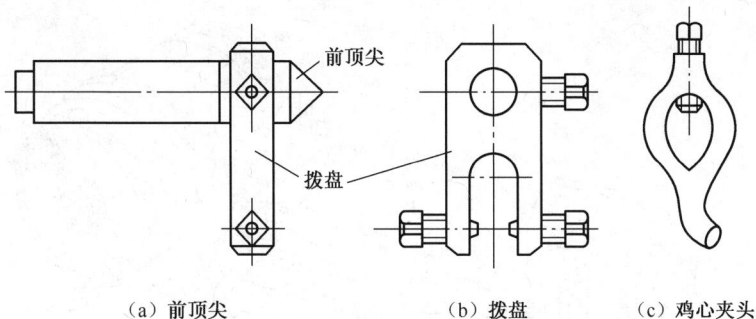

（a）前顶尖　　　　　　　　（b）拨盘　　　　（c）鸡心夹头

图 4-29　前顶尖、拨盘和鸡心夹头

（4）三爪自定心卡盘的结构

三爪自定心卡盘如图 4-30 所示。它通过连接盘安装在分度头主轴上，用来装夹工件，当扳手方榫插入小锥齿轮 2 的方孔 1 内转动时，小锥齿轮就带动大锥齿轮 3 转动。大锥齿轮的背面有平面螺纹 4，与 3 个卡爪 5 上的牙齿啮合，因此当平面螺纹转动时，3 个爪就能同步进行移动。

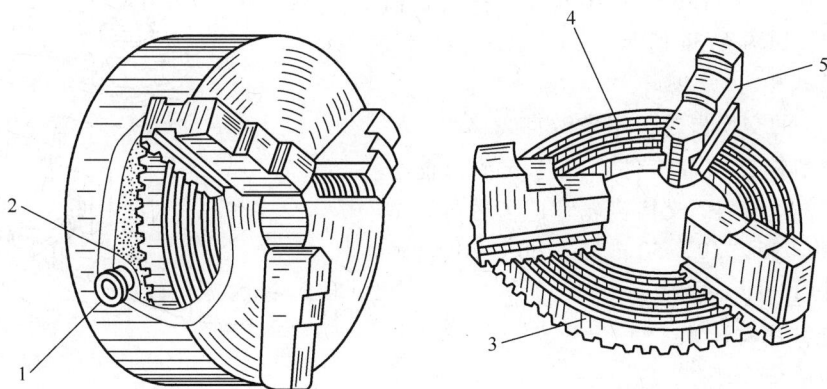

1—方孔；2—小锥齿轮；3—大锥齿轮；4—平面螺纹；5—卡爪

图 4-30　三爪自定心卡盘

（5）尾座

尾座与分度头联合使用，一般用来支承较长的工件，如图 4-31 所示。在尾座上有一个顶尖，和装在分度头上前顶尖或三爪自定心卡盘一起支承工件或芯轴。转动尾座手轮，可使后顶尖进出移动，以便装卸工件。后顶尖可以倾斜一个不大的角度，同时顶尖的高低也可以调整。尾座下有两个定位键，用来保持后顶尖轴线与纵向进给方向一致，并和分度头轴线在同一直线上。

（6）千斤顶

为了使细长轴在加工时不发生弯曲、颤动，在工件下面可以支承千斤顶，千斤顶的结构如图 4-32 所示。转动螺母 2 可使螺杆 1 上下移动。锁紧螺钉 4 是用来紧固螺杆的。千斤顶座 3 具有较大的支承底面，以保持千斤顶的稳定性。

（7）交换齿轮轴、交换齿轮架和交换齿轮

① 交换齿轮轴

装入分度头主轴孔内的交换齿轮轴如图4-33（a）所示，装在交换齿轮架上的齿轮轴如

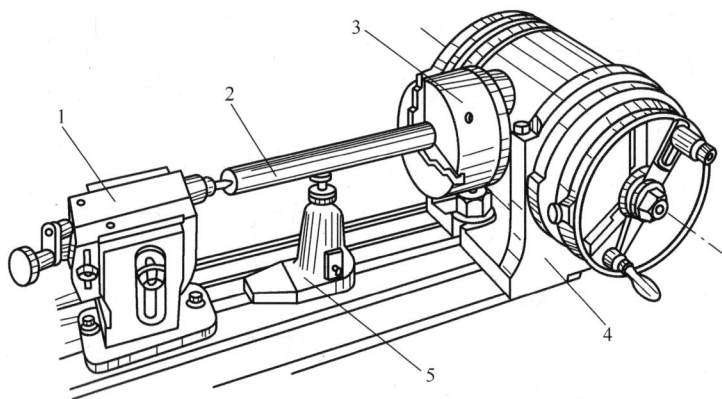

1—尾座；2—工件；3—三爪自定心卡盘；4—分度头；5—千斤顶

图4-31 分度头及其附件装夹工件的方法

图4-33（b）所示。

② 交换齿轮架

安装于分度头侧轴上，用于安装交换齿轮轴及交换齿轮，如图4-34所示。

③ 交换齿轮

分度头上的交换齿轮，用来做直线移距、差动分度及铣削螺旋槽等工件。F11125型万能分度头有一套5的倍数的交换齿轮，即齿数分别为25、25、30、35、40、50、55、60、70、80、90、100，共12只齿轮。

5. 分度方法与计算

（1）简单分度法

简单分度法是分度最常用的一种方法。分度时，先将分度盘固定，转动手柄使蜗杆带动蜗轮旋转，从而带动主轴和工件转过所需的度数。由分度头的传动系统可知，分度手柄的转数 n 和工件圆周等分数关系如下：

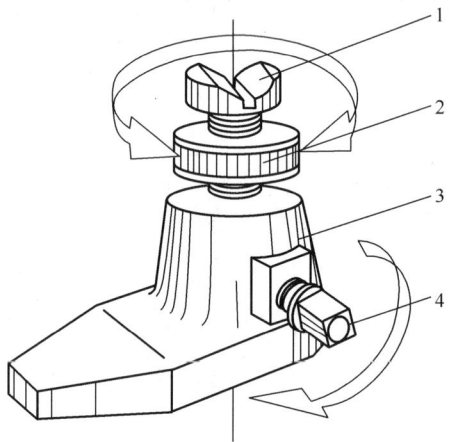

1—螺杆；2—螺母；3—千斤顶座；4—锁紧螺钉

图4-32 千斤顶

$$n = \frac{40}{z}r$$

式中，n——分度手柄转数，r；

z——工件圆周等分数，mm；

40——分度头定数。

为简化计算，简单分度可通过直接查简单分度表得到分度手柄转数。

（2）角度分度法

角度分度法实质上是简单分度法的另一种形式。从分度头结构可知，分度手柄摇40r，分度头主轴带动工件转1r，也就是转了360°。因此，分度手柄转1r工件转过9°，根据这一关系，可得出角度分度计算公式：

$$n = \frac{\theta°}{9°}r$$

（a）

（b）

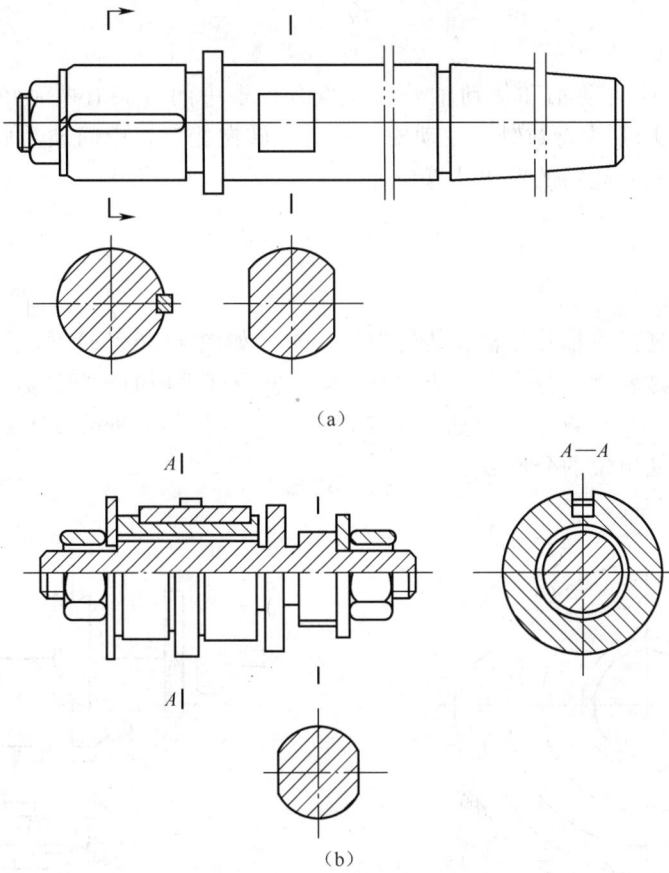

图 4-33　分度头交换齿轮轴

$$n = \frac{\theta'}{540'} \text{r}$$

式中，n——工件所需转过的角度，°或′。

（3）差动分度法

① 齿轮简单传动计算

a. 单式轮系由一个主动轮、一个从动轮和若干个中间轮组成，如图 4-35（a）所示。单式轮系速比计算公式：

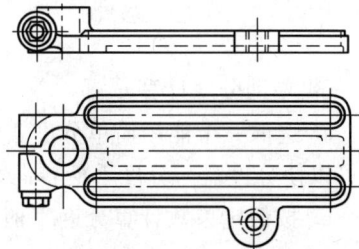

图 4-34　分度头交换轮架

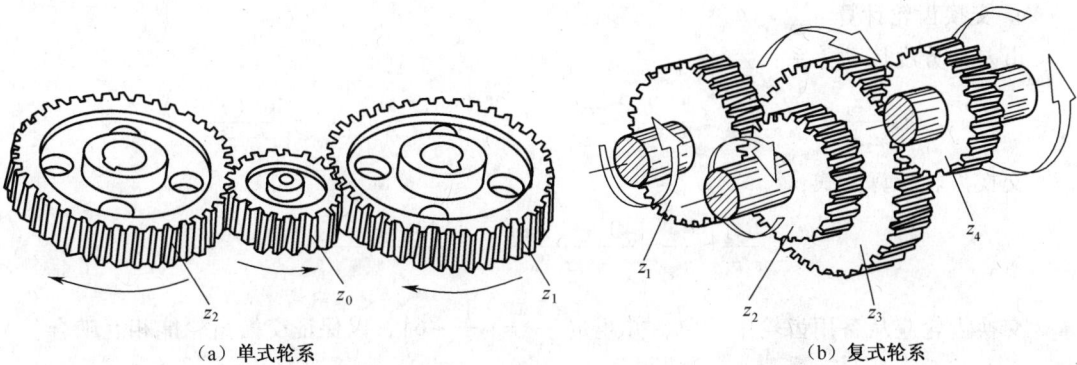

（a）单式轮系

（b）复式轮系

图 4-35　轮系

$$i = \frac{n_2}{n_1} = \frac{z_1}{z_2}$$

b. 复式轮系是除主动轴和从动轴外，至少有一根中间轴装有两个齿轮的轮系，如图 4-35（b）所示。中间轴为奇数时，主动轴与从动轴转向相反；中间轴为偶数时，主动轴与从动轴转向相同。复式轮系的速比计算公式：

$$i = \frac{n_{从}}{n_{主}} = \frac{z_1 z_3 \cdots z_{n-1}}{z_2 z_4 \cdots z_n}$$

② 差动分度原理

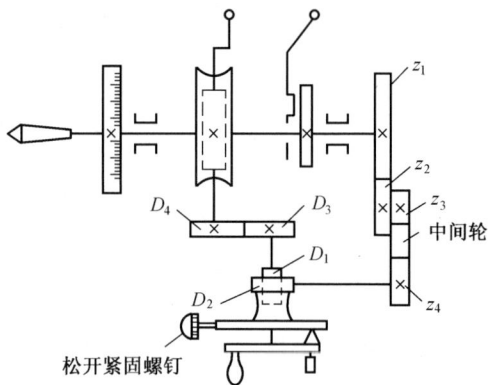

差动分度法是通过主轴和侧轴安装的交换齿轮［如图 4-36（a）所示］，在分度手柄做分度转动时，与随之转动的分度盘形成相对运动，使分度手柄的实际转数等于假定等分分度手柄转数与分度盘本身转数之和［如图 4-36（b）所示］的一种分度方法。用差动分度法可解决简单分度无法解决的分度数。

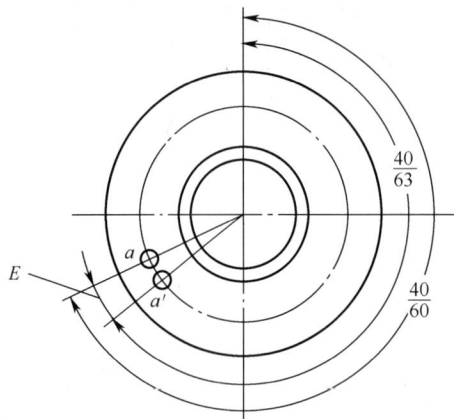

（a）差动分度原理　　　　　　　　　　（b）传动与交换齿轮安装

图 4-36　差动分度法

③ 差动分度计算

a. 选取一个能用简单分度实现的假定齿数 z'，z' 应与分度数 z 相接近，尽量选 $z' < z$，这样可以使分度盘与分度手柄转向相反，避免传动系统中的传动间隙影响分度精度。

b. 按假定齿数计算分度手柄应转的圈数 n'，并确定所用的孔圈。

$$n' = \frac{40}{z'}$$

c. 交换齿轮计算

由差动分度传动关系：

$$n_{主} \frac{z_1 z_3}{z_2 z_4} = n_{盘}, \quad n_{主} = \frac{1}{z}, \quad n = \frac{40}{z}, \quad n' = \frac{40}{z'}, \quad n_{盘} = n - n' = \frac{40\ (z' - z)}{z z'}$$

交换齿轮计算公式：

$$\frac{z_1 z_3}{z_2 z_4} = \frac{n_{盘}}{n_{主}} = \frac{40\ (z' - z)}{z z'} \times z = \frac{40\ (z' - z)}{z'}$$

交换齿轮应从备用齿轮中选取，并规定 $\frac{z_1 z_3}{z_2 z_4} = \left(\frac{1}{6} \sim 6 \right)$，以保证交换齿轮能相互啮合。

d. 确定中间齿轮数目。当 $z' < z$ 时（交换齿轮速比为负值），中间齿轮的数目应保证分

度手柄和分度盘转向相反；当 $z' > z$ 时（交换齿轮速比为正值），应保证分度手柄和分度盘转向相同。

6. 直线移距分度法

所谓直线移距分度法，就是把分度头主轴（或侧轴）和纵向工作台丝杆用交换齿轮连接起来，移距时只要转动分度手柄，通过交换齿轮，使工作台作精确移距的一种分度方法。常用的直线移距法是主轴交换齿轮法。主轴交换齿轮法的传动系统如图4-37所示。

由于直线移距交换齿轮法蜗杆蜗轮的减速，当分度手柄转了很多转后，工作台才移动一个较小的距离，所以移距精度较高。交换齿轮的计算公式为

$$\frac{z_1 z_3}{z_2 z_4} = \frac{40s}{n P_{丝}}$$

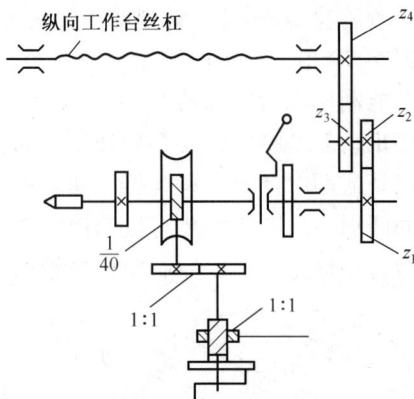

图4-37 直线移距主轴交换
齿轮法传动系统

式中，z_1、z_3——主动齿轮；

z_2、z_4——从动齿轮；

s——工件移距量，即每等分、每格的距离，mm；

$P_{丝}$——工作台纵向丝杠螺距，mm；

40——分度头定数；

n——每次分度时分度手柄转数，r。

按上式计算时，式中的 n 可以任意选取，但在单式轮系时交换齿轮的传动比不大于 2.5，在复式轮系时不大于6，以使传动平稳。

知识点二 回转工作台及功用

1. 回转工作台的种类

回转工作台简称转台，其主要功用是铣削圆弧曲线外形、平面螺旋槽和分度。回转工作台有机动回转工作台、手动回转工作台、立卧回转工作台、可倾回转工作台和万能回转工作台等多种类型。常用的是立轴式手动回转工作台（如图4-38所示）和立轴式机动回转工作台（如图4-39所示）。常用回转工作台的型号有T12160、T12200、T12250、T12400、T12500等。机动回转工作台型号有T11160。

2. 回转工作台的外形结构和传动系统

图4-38中，回转工作台5的台面上有数条T形槽，供装夹工件和辅助夹具穿装T形

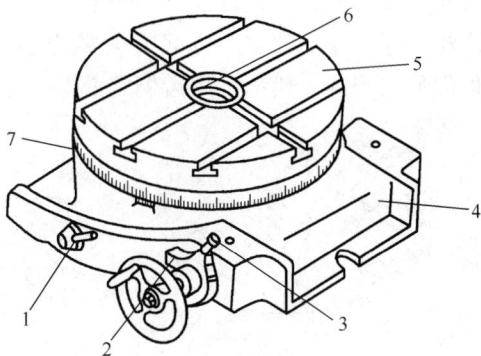

1—锁紧手柄；2—偏心套锁紧螺钉；3—偏心销；4—底座；
5—回转工作台；6—定位圆台阶孔和锥孔；7—刻度圈；
图4-38 手动回转工作台

螺栓用，工作台的回转轴上端有定位圆台阶孔和锥孔6，工作台的周边有360°的刻度圈，在底座4前面有零线刻度，供操作时观察工作台的回转角度。

底座前面左侧的手柄1，可锁紧或松开回转工作台。使用机床工作台做直线进给铣削时，

应锁紧回转工作台；使用回转工作台做圆周进给进行铣削或分度时，应松开回转工作台。

底座前面右侧的手轮与蜗杆同轴连接，转动手轮使蜗杆旋转，从而带动与回转工作台主轴连接的蜗轮旋转，以实现装夹在工作台上的工件做圆周进给和分度运动。手轮轴上装有刻度盘，若蜗轮是 90 齿，则刻度盘一周为 4°，每一格的示值为 $4°/n$，n 为刻度盘的刻度格数。

图 4-39 中，机动回转工作台与手动回转工作台的结构基本相同，主要区别是机动回转工作台能利用万向联轴器 5，由机床传动装置通过传动齿轮箱 6 带动传动轴而使转台旋转，不需要机动时，将离合器手柄处于中间位置，直接转动手轮做手动操作。做机动操作时，逆时针扳动或顺时针扳动离合器手柄，可使回转工作台获得正、反方向的机动旋转。在回转工作台的圆周中部圈槽内装有机动挡铁 7，调节挡铁的位置，可利用挡铁 7 推动拨块 4，使机动旋转自动停止，用以控制圆周进给的角位移行程位置。

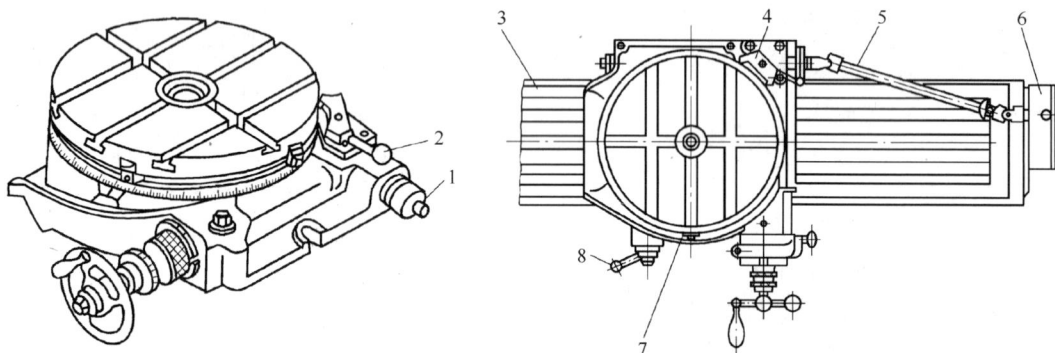

1—传动轴；2—离合器手柄；3—机床工作台；4—离合器手柄拨块；
5—万向联轴器；6—传动齿轮箱；7—挡铁；8—锁紧手柄

图 4-39　机动回转工作台

知识点三　花键的种类特征与加工质量分析

1. 花键的种类与特征

花键按其齿廓形状可以分为矩形、渐开线形、三角形和梯形 4 种，其中以矩形花键使用最广泛。矩形花键的定心方式有大径定心、小径定心和齿侧定心 3 种（如图 4-40 所示），其他齿形的花键一般都采用齿侧定心。

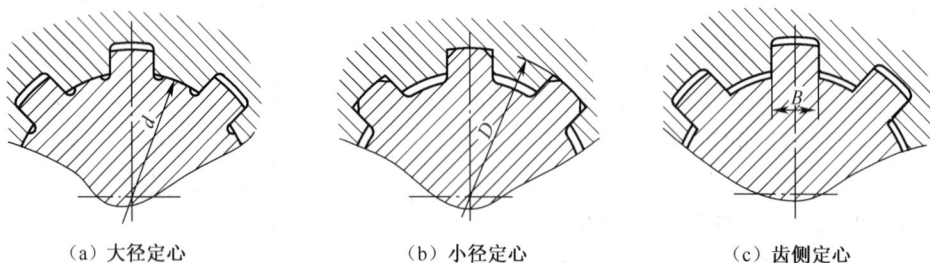

（a）大径定心　　　　　（b）小径定心　　　　　（c）齿侧定心

图 4-40　矩形花键定心方式

我国现行国标 GB/T 1144—2001 中只规定了小径定心一种方式。小径定心稳定性好，精度高。国外一些先进国家大都采用渐开线花键连接的齿侧配合制。

在普通铣床上，可加工修配用的大径定心矩形外花键，对小径定心的矩形外花键，一般只进行粗加工。

2. 矩形键的工艺要求

（1）尺寸精度

键的宽度和花键的定心面是主要配合尺寸，精度要求较高。

（2）表面粗糙度

键的两侧面和定心配合面的表面粗糙度，一般要求在 $R_a0.2\sim0.3\mu m$。

（3）形状和位置精度

① 外花键定心小径（或大径）与基准轴线的同轴度。

② 键的形状精度和等分精度。

③ 键的两侧面与基准轴线的对称度和平行度。

花键的定心配合面的尺寸公差一般采用 f7 或 h7，键的宽度尺寸公差一般采用 f8 或 h8 和 f9 或 h9。花键位置偏差的最大允许量见表 4-5。

表 4-5　　　　　　　　　　　　　花键对称度公差　　　　　　　　　　（单位：mm）

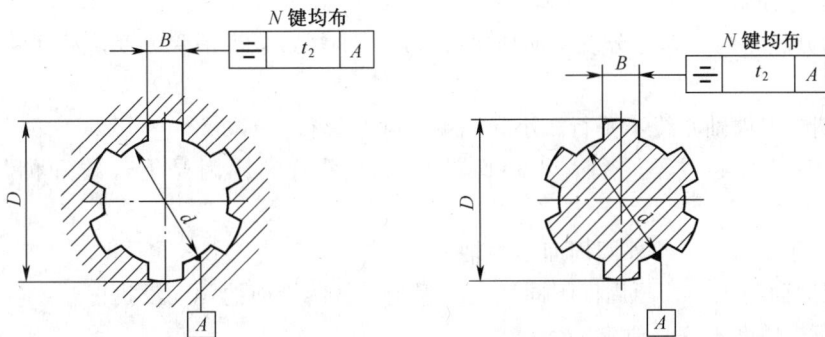

键槽宽或键宽 B	3	3.5 ~ 6	7 ~ 10	12 ~ 18
	t_2			
一般用	0.010	0.012	0.015	0.018
精密传动用	0.006	0.008	0.009	0.011

3. 矩形外花键的检验与质量分析方法

（1）外花键的检验

检验外花键的方法与检验键槽的方法基本相同。在单件和小批生产时，使用千分尺检验键的宽度，用千分尺或游标卡尺检验小径，等分精度由分度头精度保证，必要时可用百分表检验外花键键侧的对称度，如图 4-41（a）所示。在成批和大量生产中，可用图 4-41（b）所示的综合量规检验。检验时，先用千分尺或卡规检验键宽，在键的宽度不小于最小极限尺寸的条件下，以综合量规能通过为合格。

（2）质量分析

① 花键键宽尺寸超差

花键键宽尺寸超差的原因是分度有误差或组合铣刀尺寸组合不正确。

② 花键两端键宽尺寸不相等

花键两端键宽尺寸不相等的原因是工件在铣削中松动或铣削时分度头主轴紧固手柄没有

（a）用百分表检验对称度 　　　　（b）用综合量规检验

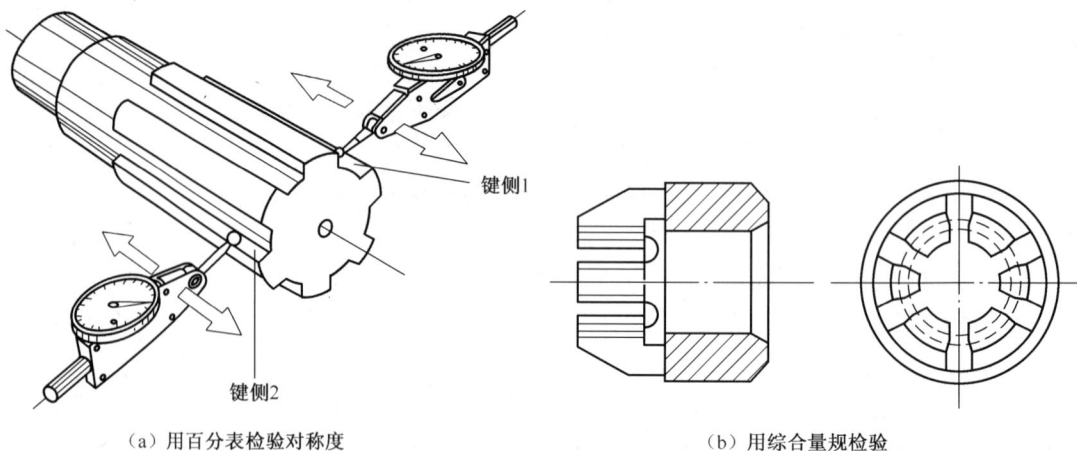

图 4-41　矩形外花键检验

紧固。

③ 花键等分超差

花键等分超差的原因是分度手柄摇错或分度手柄摇过，没消除分度传动间隙，未找正工件同轴度。

④ 键侧与工件轴心线不平行，小径两端尺寸不平行

键侧与工件轴心线不平行，小径两端尺寸不平行的原因是上母线和侧母线没有找正好。

⑤ 小径圆周面与工件外圆周面不同轴

小径圆同面与工件外圆周面不同轴的原因是工件圆周面的跳动没找正。

⑥ 表面粗糙度不符合要求

表面粗糙度不符合要求的原因是铣刀变钝，刀杆弯曲，挂架轴承间隙大，铣削中振动或进给过快，铣削较长工件时，中间没有支承。

知识点四　离合器的种类与检验质量分析

1. 离合器的种类特点

根据离合器齿形展开的不同几何特点，可分为矩形齿、梯形齿、尖齿（三角齿）、锯齿和螺旋齿多种类型。其种类和齿形特点见表 4-6。

表 4-6　　　　　　　　　　　　　　离合器的种类与齿形特点

种类名称	齿形图示	特点说明
矩形齿离合器		齿侧平面通过工件轴线

续表

种类名称	齿 形 图 示	特 点 说 明
尖齿离合器	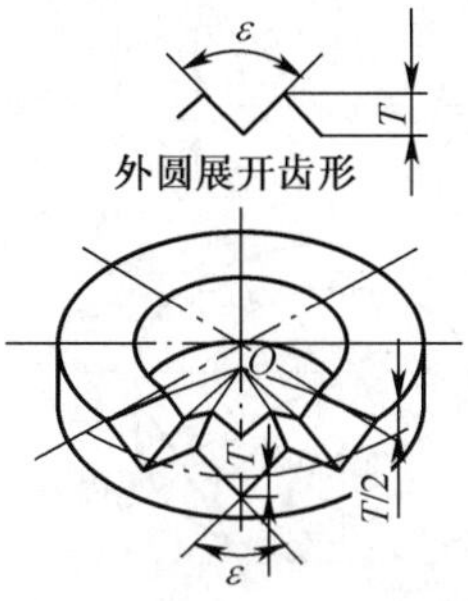ε T 外圆展开齿形 O T T/2 ε	整个齿形向轴上一点收缩
锯形齿离合器	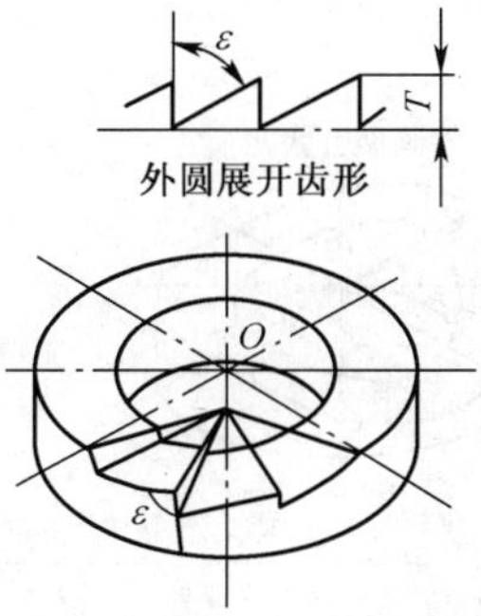ε T 外圆展开齿形 O ε	直齿面通过工件轴，斜齿面向轴线上一点收缩
梯形收缩齿离合器	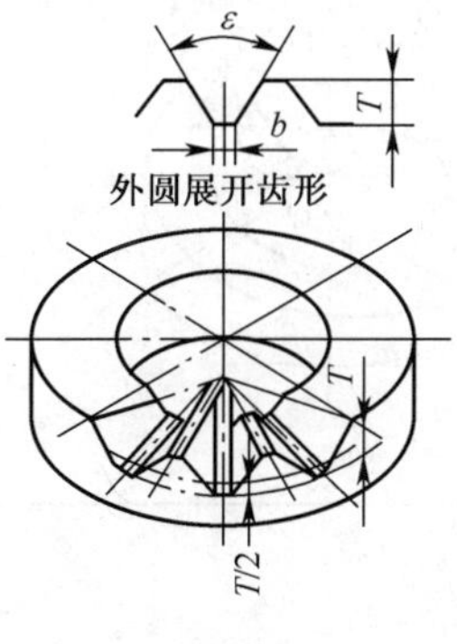ε T b 外圆展开齿形 T T/2	齿顶及槽底在齿长方向都等宽，而且中心线通过离合器轴线
梯形等高齿离合器	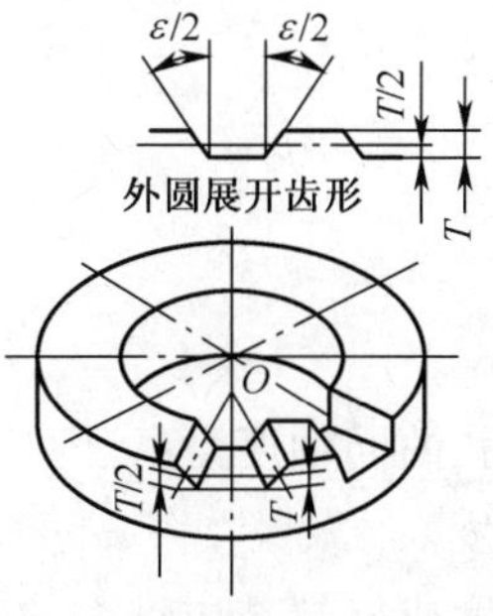ε/2 ε/2 T/2 外圆展开齿形 T O T/2 T	齿顶面与槽底面平行，并且垂直于离合器轴线。齿侧高度不变，齿侧中线汇交于离合器轴线

续表

种类名称	齿形图示	特点说明
单向梯形齿离合器	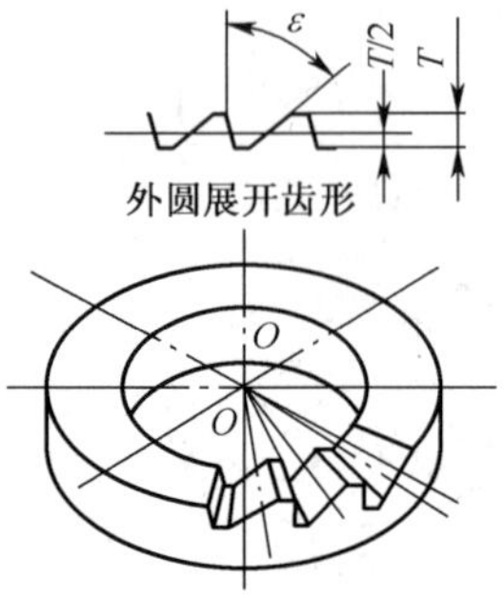ε T/2 T 外圆展开齿形 O O	齿顶面与槽底平行，并且垂直于离合器轴线，故齿高不变。直齿面为通过轴线的径向平面，斜齿面的中线交于离合器轴线
双向螺旋齿离合器	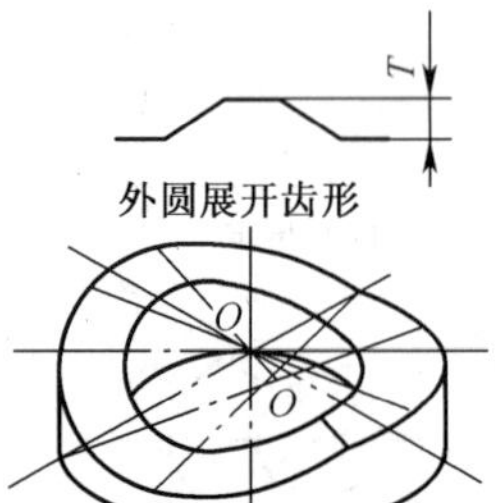T 外圆展开齿形 O O	离合器结合面为螺旋面，其他特点与梯形等高齿离合器相同
单向螺旋齿离合器	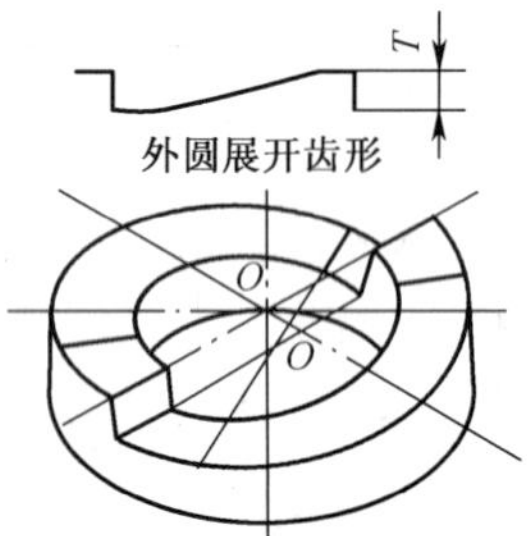T 外圆展开齿形 O O	离合器结合面为螺旋面，其他特点与单向梯形齿离合器相同

2. 离合器加工的工艺要求

（1）坯件加工工艺要求

① 主要尺寸精度要求

a. 基准孔直径。

b. 齿部内外直径。

c. 齿部凸台高度。

② 位置精度要求

a. 齿部内外圆或锥面对装配基准孔的同轴度。

b. 工件装夹端面对基准孔的垂直度。

c. 齿部端面与基准孔轴线的垂直度或齿端部内锥面的锥度。

（2）离合器加工的工艺要求

① 齿形

a. 齿侧平面通过工件轴线划齿面向轴线上一点收缩。

b. 保证一定的齿槽深度，以使矩形齿离合器齿顶部宽度略小于齿槽底部宽度，其余齿形宽度一般均大于齿槽底部宽度。

c. 相接合的两个离合器齿形角要正确一致。

② 同轴度

离合器的齿形轴线与工件基准孔的轴线同轴。

③ 等分度

离合器各齿在齿部圆周上均匀分布，即各齿在圆周上的分齿精度。

④ 表面粗糙度

齿侧工作面的表面粗糙度 R_a 值≤3.2μm。齿槽底面不应有明显的接刀痕迹。

3. 离合器的检测

（1）齿槽深度 T 的检测

对齿顶面与槽底面平行的等高齿离合器，可直接用深度游标卡尺等深度量具测量；对齿顶面与槽底面不平行的收缩齿离合器，可用钢直尺平放在外圆处的齿顶面上，然后用游标卡尺的两内量爪测量槽底到钢直尺的距离（即外圆处的齿槽深度）。

（2）齿形角 ε 的检测

用角度量具直接测量齿形角的数值或用角度样板透光检验齿形是否准确。

（3）齿形同轴度的检测

对直齿侧的离合器，可将离合器的装配基准孔套在水平的标准圆棒上，用杠杆百分表逐次校平各直齿侧面，并记下每次百分表的读数，与基准孔中心位置比较，如图 4-42 所示。对斜齿侧面的离合器，则用杠杆百分表逐次找平齿侧面中线，并记下每次百分表的读数，与基准孔中心位置比较。

（4）离合器接触齿数和贴合面积检测

在成批生产中常用综合检测方法：将一对离合器同时以装配基准孔相对套在标准圆棒上，接合后用塞尺或涂色法检查其接触齿数和贴合面积，如图 4-43 所示。一般接触齿数不

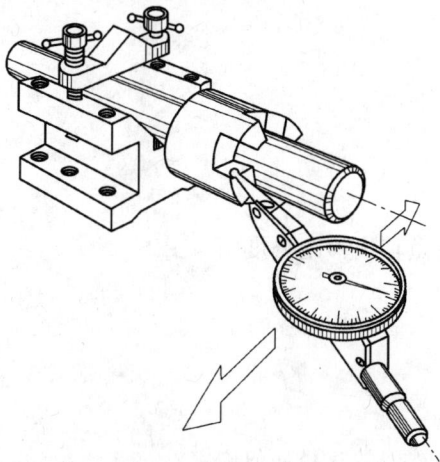

图 4-42　齿形同轴度的检测　　　　图 4-43　用塞尺检测离合器接触齿数和贴合面积

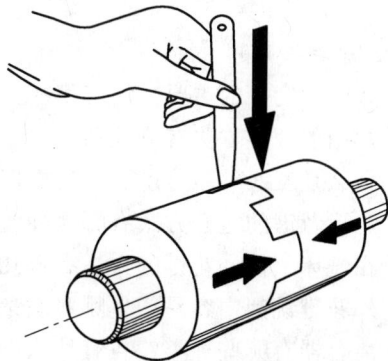

应少于整个齿数的一半，贴合面积不应少于60％。这种检测方法效率高，但当出现不合格品时，还需要用上述方法逐项检测找出原因。

4. 离合器铣削的质量分析

离合器的铣削，实质上是对位置精度要求较高的特形沟槽的铣削。在铣削过程中如果调整不当，铣出的离合器齿形将不能相互嵌合，或接触齿数不够，贴合面积太少等。牙嵌式离合器铣削中常见的质量问题、产生原因及防止措施见表4-7。

表4-7　　　　　　　　　离合器铣削的质量问题、产生原因及防止措施

质量问题	原因	防止措施
齿槽底面未接平，有明显的凸台	① 分度头主轴与工作台台面不垂直 ② 三面刃铣刀圆柱面齿刃口或立铣刀端刃缺陷 ③ 升降工作台走动，铣刀杆松动 ④ 立铣头主轴轴线与工作台台面不垂直	① 精确调整分度头主轴位置 ② 刃磨或更换铣刀 ③ 紧固工作台、铣刀杆 ④ 精确调整立铣头主轴位置
齿侧工作面粗糙度值大	① 铣刀不锋利，刀具跳动太大 ② 传动系统间隙过大 ③ 工件装夹不牢固 ④ 进给量过大	① 更换铣刀 ② 调整传动系统，使间隙合理 ③ 重新装夹 ④ 合理选用进给量
各齿在外圆处的弦长不等	① 工件装夹时不同轴 ② 分度不均匀 ③ 分度装置精度低	① 精确找正工件位置 ② 准确分度 ③ 更换分度装置
一对离合器嵌合时，齿侧不贴合	① 铣得太深 ② 分度头仰角计算或调整错误	① 准确调整切深 ② 正确计算和调整

项目学习评价

一、思考练习题

1. 万能分度头的主要功用有哪些？

2. 常用的分度方法有哪几种？

3. 什么是直线移距分度法？怎样用主轴挂轮法做直线移距分度？

4. 矩形花键的定心方式有哪几种？

5. 在铣床上铣外花键的方法有哪几种？

6. 外花键铣削中容易产生哪些质量问题？

7. 离合器有哪些种类？各有什么特点？

8. 铣削矩形齿离合器的三面刃铣刀的宽度或立铣刀的直径如何确定？

9. 造成铣出离合器在外圆处弦长不等的原因是什么？

二、自我评价、小组互评及教师评价

评价内容		自我评价	小组互评	教师评价
技能	万能分度头的分度操作	掌握（ ） 模仿（ ） 不会（ ）	掌握（ ） 模仿（ ） 不会（ ）	掌握（ ） 模仿（ ） 不会（ ）
	外花键轴的铣削	掌握（ ） 模仿（ ） 不会（ ）	掌握（ ） 模仿（ ） 不会（ ）	掌握（ ） 模仿（ ） 不会（ ）
	矩形齿离合器的铣削	掌握（ ） 模仿（ ） 不会（ ）	掌握（ ） 模仿（ ） 不会（ ）	掌握（ ） 模仿（ ） 不会（ ）
	尖齿离合器的铣削	掌握（ ） 模仿（ ） 不会（ ）	掌握（ ） 模仿（ ） 不会（ ）	掌握（ ） 模仿（ ） 不会（ ）
知识	万能分度头及附件的功用	应用（ ） 理解（ ） 不懂（ ）	应用（ ） 理解（ ） 不懂（ ）	应用（ ） 理解（ ） 不懂（ ）
	回转工作台及功用	应用（ ） 理解（ ） 不懂（ ）	应用（ ） 理解（ ） 不懂（ ）	应用（ ） 理解（ ） 不懂（ ）
	花键的种类特征与加工质量分析	应用（ ） 理解（ ） 不懂（ ）	应用（ ） 理解（ ） 不懂（ ）	应用（ ） 理解（ ） 不懂（ ）
	离合器的种类与检验质量分析	应用（ ） 理解（ ） 不懂（ ）	应用（ ） 理解（ ） 不懂（ ）	应用（ ） 理解（ ） 不懂（ ）
简单评语				

三、个人学习总结

从学习的过程、技能练习提高、知识领会感悟、操作体验、需要提高之处、希望改进及对教学的建议等方面写出一份不少于 300 字的项目报告。

项目五 圆柱齿轮的铣削

项目情境创设

齿轮是机械传动中应用最广泛的零件之一。其传动是利用齿轮的齿与另一个有齿元件连接啮合，从而实现运动传递的一种有齿机械元件，具有瞬时传动比恒定、传动平稳、转矩大、承载能力强和传动效率高等特点，如图5-1所示。

图5-1 齿轮的传动示意图

项目学习目标

（1）技能目标

① 通过模仿练习，掌握各种齿轮齿条的铣削方法。

② 能根据加工内容选用合适的铣刀并正确安装。

③ 能正确安装通用夹具，合理规范使用工、量具。

（2）知识目标

① 能掌握齿轮各部分名称用其计算方法。

② 掌握齿轮的一般测量方法与质量分析。

③ 合理选用切削用量。

项目基本功

5.1 项目基本技能

任务一 直齿圆柱齿轮的铣削

直齿圆柱齿轮零件如图5-2所示。

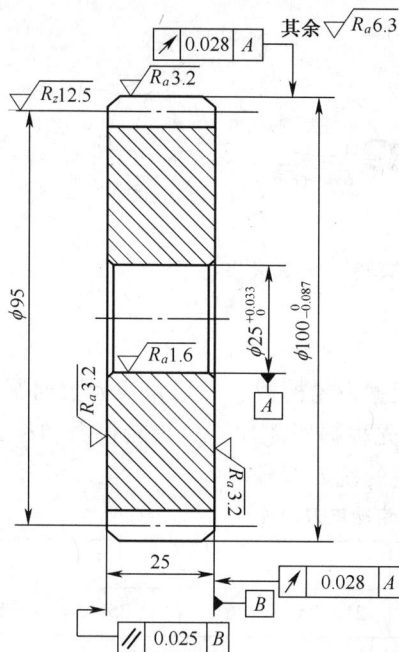

模数：$m=2.5$

齿数：$z=38$

齿形角：$\alpha=20°$

公法线长度：$W_k=34.54_{-0.332}^{-0.126}$

跨越齿数：$k=5$

精度等级：10FJ

图 5-2　直齿圆柱齿轮零件

1. 工艺准备

铣削图 5-2 所示零件，须按以下步骤进行加工工艺准备。

（1）图样分析

① 齿轮参数分析

a. 齿轮模数 $m=2.5$，齿数 $z=38$，齿形角 $\alpha=20°$。

b. 齿顶圆直径 $d_a=\phi100_{-0.087}^{0}$ mm，分度圆直径 $d=\phi95$ mm，齿宽 $b=25$ mm。

② 齿轮精度要求分析

精度等级 10FJ，公法线长度 $W_k=34.54_{-0.332}^{-0.126}$，跨越齿数 $k=5$。

③ 坯料相关要求

基准内孔的精度较高，齿顶圆和基准端面对基准孔轴的圆跳动允差为 0.028mm，两端面的平行度允差为 0.025mm。

④ 齿面粗糙度要求分析

齿轮齿面通常用轮廓最大高度上限值表示，本例 $R_z=12.5\mu m$。

⑤ 材料分析

零件材料为 45# 钢；T235，具有较高的硬度。

⑥ 形体分析

零件为套类零件，宜采用专用芯轴装夹。

（2）选择铣床

根据图样的精度要求，在卧式铣床上用分度头铣削加工。这里选用 X6132 型等类似的卧式铣床。

（3）选择装夹方式

在 F11125 型万能分度头上用两顶尖、鸡心夹和拨盘装夹芯轴和工件，如图 5-3 所示。

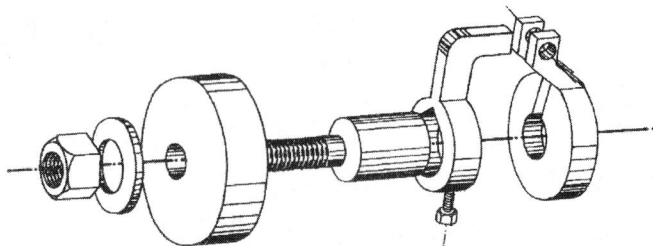

图 5-3　芯轴和工件的装夹

（4）刀具的选用

铣削齿轮的铣刀为专用盘形铣刀，是根据齿轮模数、齿形角及齿数而制造的，一般有 8 把 1 套或 15 把 1 套，见表 5-1。选用时首先根据所需加工的齿轮模数和齿形角来选出成套铣刀，然后再根据所铣齿轮齿数，选出合适的铣刀刀号。

表 5-1　　　　　　　　一组 8 把齿轮铣刀刀号表

铣刀刀号	1	2	3	4	5	6	7	8
所选齿轮齿数	12 ~ 13	14 ~ 16	17 ~ 20	21 ~ 25	26 ~ 34	35 ~ 54	55 ~ 134	135 ~ ∞

直齿圆柱齿轮铣刀有盘形和指形两种，盘形铣刀已标准化，如图 5-4 所示，用于在卧式铣床上铣制齿轮。指形铣刀是在立式铣床上铣制齿轮，用于加工模 $m \geq 10mm$ 的圆柱齿轮的铣削。

本例根据齿轮的模数、齿数和齿形角查表 5-1 选择 $m = 2.5$，齿形角 $\alpha = 20°$ 的 6 号齿轮铣刀。

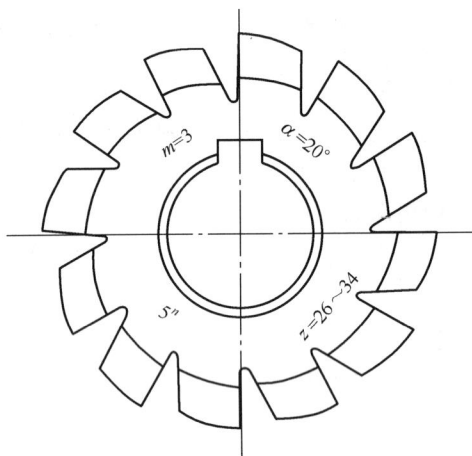

图 5-4　盘形齿轮铣刀

（5）确定加工过程

在卧式铣床上加工零件的铣削过程为：齿轮坯料的检验→安装并调整分度头→装夹和找正工件→工件表面划中心线→计算、选择和安装齿轮铣刀→对刀并调整进刀量→试切、预检、公法线长度→准确调整进刀量→依次准确分度和铣削→直齿圆柱齿轮铣削工序检验。

（6）选择铣削用量

取铣削速度 $v_c = 15m/min$，则铣床主轴转速为：$n = \dfrac{1000v_c}{\pi D} = \dfrac{1000 \times 15}{3.14 \times 63} \approx 75.83 r/min$。实际调整铣床主轴转速为 $n = 75 r/min$；每分钟进给量为 $v_f = 37.5 mm/min$。

2. 零件加工

（1）齿轮坯料检验

① 用专用芯轴套装工件，用百分表检验工件齿顶圆和内孔基准的同轴度，检验工件端面对轴线的圆跳动误差。

② 用外径千分尺测量齿轮坯件两端的平行度和齿顶圆直径。

（2）安装、调整分度头及其附件

安装分度头，找正分度头主轴顶尖与尾座同轴度与纵向进给方向和工作台台面平行度。

计算分度手柄转数 n，$n = \dfrac{40}{z}r = \dfrac{40}{38}r = 1\dfrac{3}{57}r$。调整分度销、分度盘用分度叉。

（3）装夹、找正工件

使工件外圆与分度头主轴同轴，端面跳动在 0.03mm 以内，如图 5-5 所示。

（4）划线

在工件圆柱面上划出对称中心线，间距 3mm 的两条齿槽对刀线。

（5）对刀和铣削

① 对刀

将选好的铣刀安装在铣刀刀轴上，然后对中心，即铣刀的廓形中线要与齿坯的轴心线重合，对中心的方法有划线试切对中法和圆柱测量对中法。

a. 划线试切对中法

在齿轮上划出中心线后，移动工作台，使齿坯中心线与铣刀廓形中线重合，然后试铣一刀，齿坯表面形成一小椭圆，微动横向导轨进行调整，对正为止，如图 5-6 所示。

b. 圆柱测量对中法

验证铣刀廓形中线是否与齿坯轴心线重合的方法是：将对好中心的齿坯铣一浅槽，一般为 1.5mm，然后再将一长度大于齿坯厚度、直径近似等于模数 m 的圆柱置于浅槽中，摇动分度手柄，使分度头主轴转动 90°，浅槽处于水平位置，如图 5-7 所示；再用百分表测量圆柱两端，并记下读数；然后再将分度头主轴转动 180°，使浅槽处于另一侧，移动百分表使表的触头与圆柱接触，看百分表上读数值是否与前一数值相同，如相同，则表示铣刀廓形中线与齿坯轴线重合，如不相同，其差值的 1/2 即为偏移量，按偏移量横向移动工作台，即可对正。

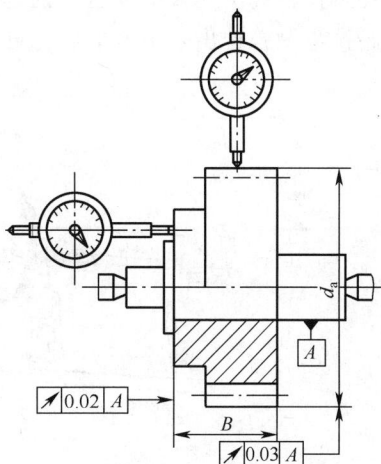

图 5-5　工件的找正

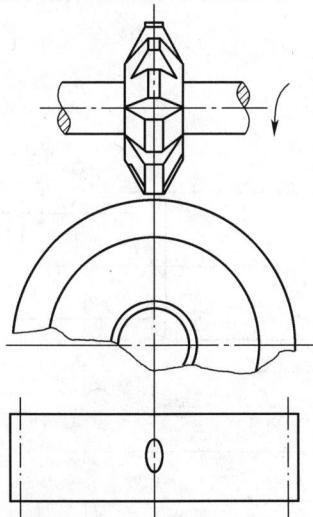

图 5-6　划线试切对中法

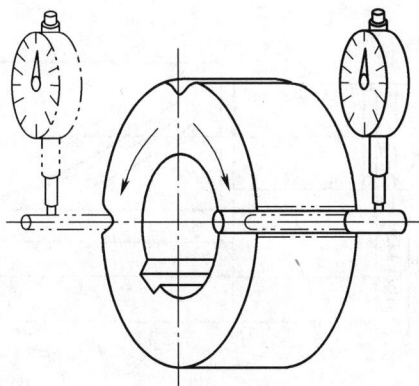

图 5-7　圆柱测量对中法

② 调整齿槽深度和预检

将工件转过 90°，使齿槽处于铣削位置，根据垂向对刀记号，工件台上升 $2.25m = 2.25 \times 2.5\text{mm} = 5.625\text{mm}$，先上升 5.4mm 进行试铣。根据铣削距离，调整好纵向自动挡铁，铣削时使用切削液。试铣 6 个齿槽后，用公法线千分尺进行预检，测量公法线长度后，第二次铣削层深度 Δt 按下式计算：

$$\Delta t = 1.46 \ (W_c - W_t)$$

式中，Δt——精铣时的切削深度，mm；

$\quad\quad W_c$——粗铣后的公法线长度，mm；

$\quad\quad W_t$——图样要求的公法线长度，mm。

③ 粗、精铣齿槽

将按原铣削位置，逐齿粗铣齿槽；按计算得到的 Δt 值，调整工作台垂向高度，准确分度精铣齿槽；铣出 6 个齿槽后，可再次检验，然后依次精铣出全部齿槽，如图 5-8 所示。

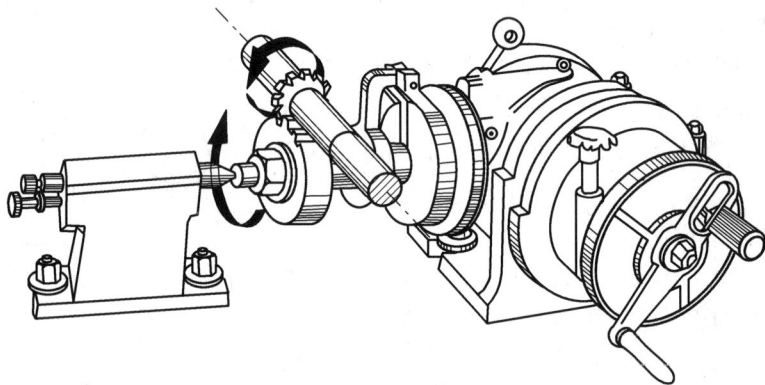

图 5-8　零件的铣削加工

任务二　圆柱螺旋槽的铣削

圆柱螺旋槽零件如图 5-9 所示。

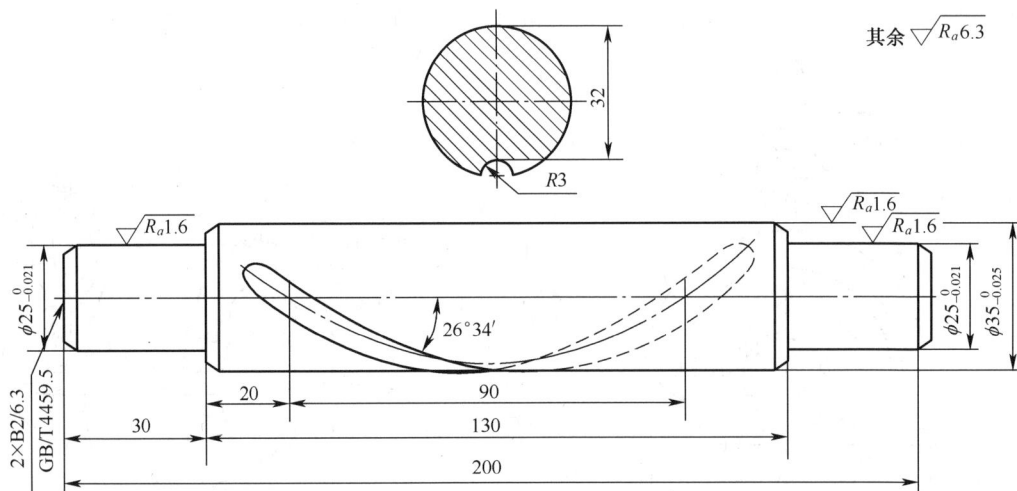

图 5-9　螺旋槽零件

1. 工艺准备

（1）图样分析

① 螺旋槽参数分析

a. 螺旋槽外径 $\phi 35_{-0.025}^{0}$ mm，螺旋角 $\beta = 26°34'$，单线右旋螺旋槽。

b. 螺旋槽槽形为 $R = 3$ mm 的圆弧槽，槽底至对应外圆的尺寸为 32mm，槽的长度为 90mm，至端面的距离为 20mm。

② 坯件相关要求分析

坯件两端具有直径为 2mm 的中心孔，阶梯轴各外圆的尺寸精度和表面粗糙度要求都比较高。

③ 表面粗糙度要求分析

油槽的表面粗糙度要求不高，本例 $R_a = 6.3 \mu m$。

④ 材料分析

坯料为 45#钢，调质（220~250HBS），具有较高硬度。

⑤ 形体分析

阶梯轴零件，因两端具有中心孔，可采用两顶尖及拨盘等定位装夹工件。

（2）选择铣床

选用 X6132 型等类似的万能卧式铣床。

（3）选择工件装夹方式

在 F11125 型分度头上用两顶尖、鸡心夹和拨盘装夹工件。

（4）刀具选用

按螺旋槽的槽形，选择直径为 63mm，$R = 3$ mm 半圆成形铣刀，如图 5-10 所示，并用刀杆安装于铣床主轴锥孔中，其位置尽量靠近挂回处，以防扳转工作台转角后无法加工。

在万能卧式铣床上用盘形铣刀铣削圆柱螺旋槽时，应在分度头与工作台纵向丝杠之间配置交换齿轮，以保证工件做等速旋转运动的同时做等速直线运动，其关系是工件匀速旋转一周的同时，工作台带动工件匀速直线移动一个导程。盘形铣刀的齿形应与工件螺旋槽的法向截形相同，为了使铣刀的旋转平面与螺旋槽方向一致，必须将工作台在水平面

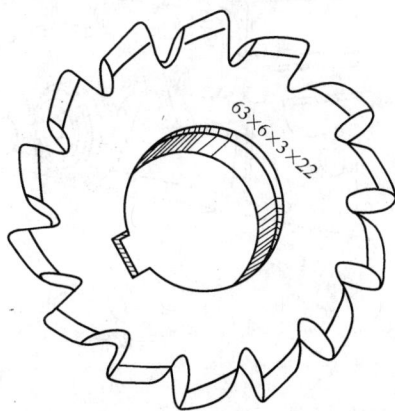

图 5-10　凸半圆铣刀

内旋转一个角度，转角的大小与螺旋角相等，转角的方向为：铣削左螺旋时，工作台顺时针旋转，如图 5-11（a）所示；铣削右螺旋时，工作台逆时针旋转，如图 5-11（b）所示。

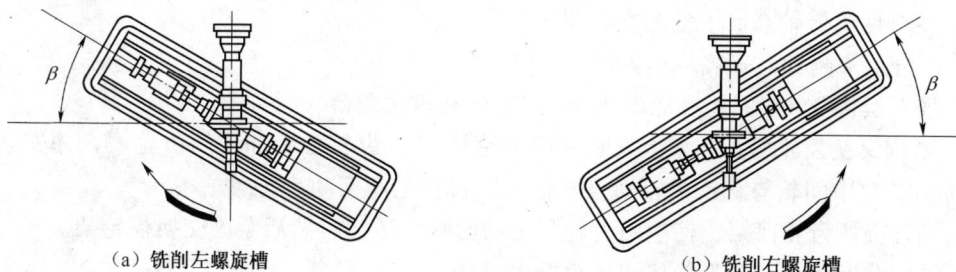

（a）铣削左螺旋槽　　　　　　　　　　　（b）铣削右螺旋槽

图 5-11　铣削螺旋槽时工作台旋转方向

（5）确定加工过程

铣削加工过程为：预制件检验→安装并调整分度头→装夹和找正工件→计算配置交换齿轮并进行导程验算→选择和安装铣刀→工件表面划中心线→对刀并调整进刀量→工作台扳转角度→准确调整铣削位置→铣削螺旋槽→轴上螺旋槽铣削。

（6）选择铣削用量

铣床主轴转速 $n = 75\text{r/min}$（$v_c \approx 15\text{m/min}$）；每分钟进给量为 $v_f = 23.5\text{mm/min}$。

（7）计算导程和交换齿轮

① 根据公式 $P_z = \pi D \text{ctg}\beta$ 计算导程，$P_z = 3.14 \times 35 \times \text{ctg}26°34' \approx 200\text{mm}$。

② 计算并安装挂轮。$i = z_1 / z_2 = 40P/P_z = 40 \times 6/220 = 60/55$，即主动轮 $z_1 = 60$ 装于纵向工作台丝杠一端，被动轮 $z_2 = 55$ 装于分度头侧轴上。主、被动轮之间用两上中间轮连接起来，注意各对齿轮的间隙要适当。

交换齿轮的配置方法如图 5-12 所示，方法如下。

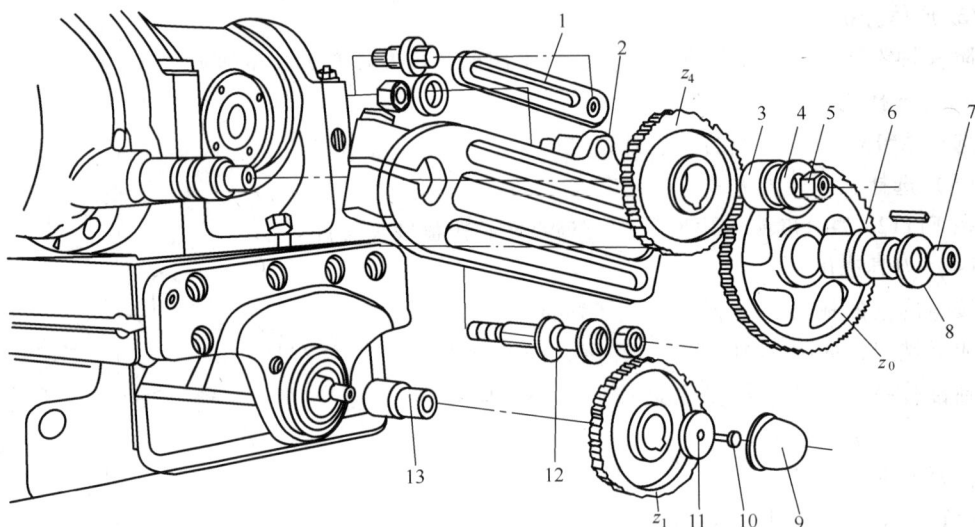

1—连接板；2—交换齿轮架；3—套圈；4、8、11—垫圈；5、7—螺母；
6—齿轮套；9—端盖；10—螺钉；12—交换齿轮轴；13—轴套

图 5-12　交换齿轮的配置

a. 拆下端盖 9。

b. 在纵向丝杠右端安装轴套 13。

c. 安装主动轮 $z_1 = 60$。

d. 安装垫圈 11 和螺钉 10，以防止齿轮传动时脱落。

e. 在分度头侧轴套筒上安装交换齿轮架 2。

f. 在分度头侧轴上安装从动齿轮 $z_4 = 55$。

g. 安装套圈 3、垫圈 4 和螺母 5，以防止从动齿轮脱落。

h. 紧固交换齿轮架，在架上安装交换齿轮轴 12、齿轮套 6 和中间齿轮 z_0，并安装垫圈 8、螺母 7，使中间轮与从动齿轮啮合（啮合后齿轮之间摆动 5°左右）。

i. 松开交换齿轮回架，使中间齿轮与主动轮啮合适当，然后紧固交换齿轮架。

j. 紧固分度头与交换齿轮架连接板扳手 1。

k. 在交换齿轮与交换齿轮轴套转动部位加注润滑油。

l. 检查交换齿轮，并用手摇动纵向手柄检查齿轮传动啮合情况。

（8）检验导程

在纵向工作台移动部位 A 及纵向刻度盘以及分度头主轴前端盘处划线做记号，如图 5-13（a）所示。松开分度头紧固手柄及分度盘紧固螺钉，并将分度定位销插入孔中，然后移动纵向工作台使之从 A 点至 B 点，即移动 220mm 时，观察分度头前端高度盘记号是否能转过一整转，如图 5-13（b）所示。如转过一整转，说明交换齿轮配置正确。

（9）检验螺旋槽方向

因为零件为右旋，可在工件是划一右旋的螺旋线条，使纵向工作台向进给方向移动，观察工件是否按右旋的线条方向转动，如不对则可增加或减少中间轮。

2. 零件的加工

（1）坯料的预检

① 目测检验两端中心孔的精度，必要时可进行修研。

② 用外径千尺测量螺旋槽所在表面的外圆直径。

（2）安装、调整分度头及其附件

分度头安装在中间 T 形槽内，位置靠工作台右端，以便配置交换齿轮，尾座位置根据工件长度确定。找正分度头主轴顶尖与尾座顶尖轴线同轴，并与纵向进给方向和工作台面平行。松开分度盘紧固螺钉与主轴锁紧手柄，用分度手柄带动分度盘一起旋转。因配置交换齿轮后使用机动进给，须注意检查分度头的油标位置，并注意传动润滑。

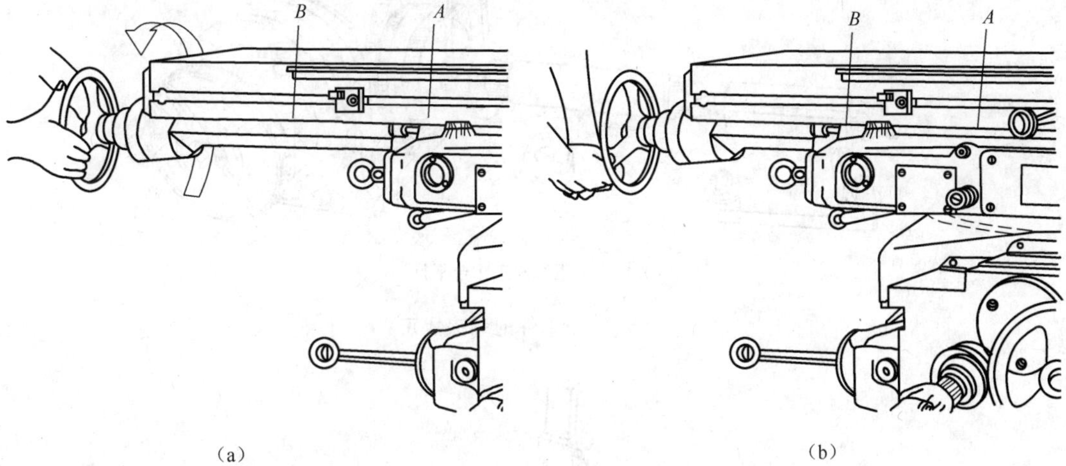

（a）　　　　　　　　　　　　　　　（b）

图 5-13　检验导程

（3）装夹、找正工件

① 用百分表检查工件的径向圆跳动，如图 5-14（a）所示。

② 检查工件上素线与工作台平行，如图 5-14（b）所示。

③ 检查工件下素线与工作台平行，如图 5-14（c）所示。

（4）调整铣刀横向切削位置

① 脱开交换齿轮，在工件表面涂色，采用工件翻转180°的方法，用游标高度尺在工件表面划出对称中心，间距为2mm的两条平行线，如图5-15所示。

② 将工件准确转过90°，使划线处于上方，调整工作台，使凸半圆铣刀的切痕处于工件表面划线的中间，如图5-16所示。

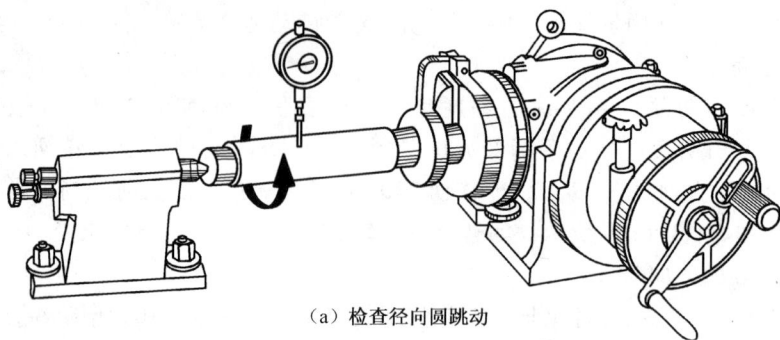

（a）检查径向圆跳动

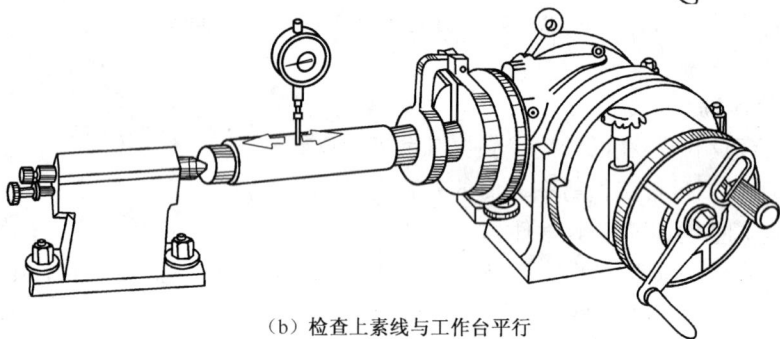

（b）检查上素线与工作台平行

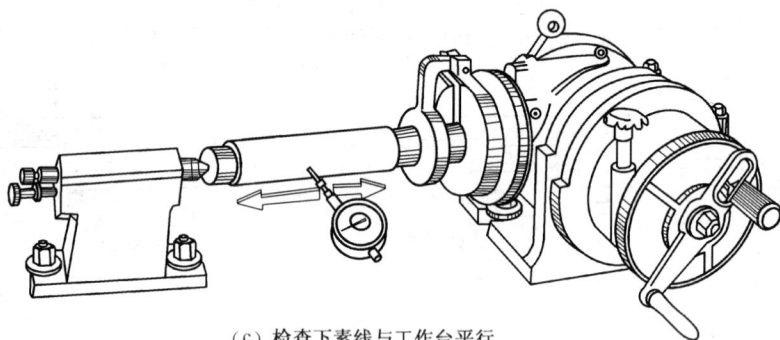

（c）检查下素线与工作台平行

图 5-14　工件的装夹找正

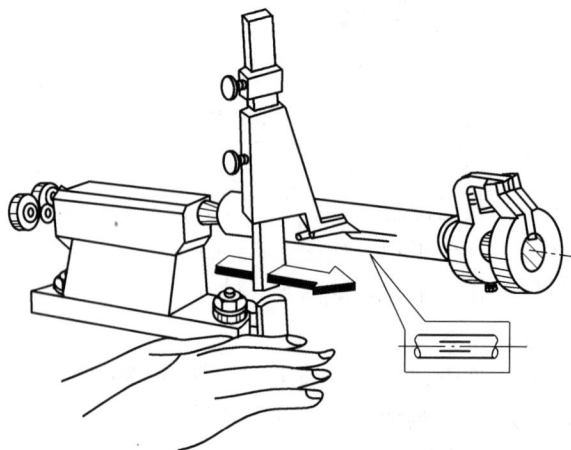

图 5-15　划对称线

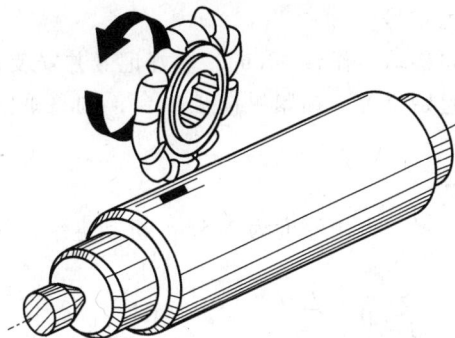

图 5-16　对刀

（5）调整工作台转角

对刀完成后，需按逆时针将纵向工作台转动一个 $26°34'$ 的转角。其方法如下。

① 松开横向工作台两边 4 个螺母，如图 5-17 所示。

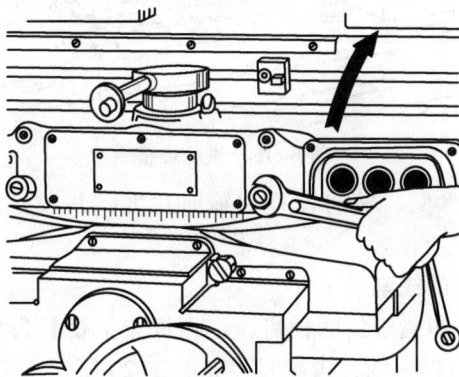

图 5-17　松开螺母

② 顺时针转动纵向工作台，如图 5-18 所示。

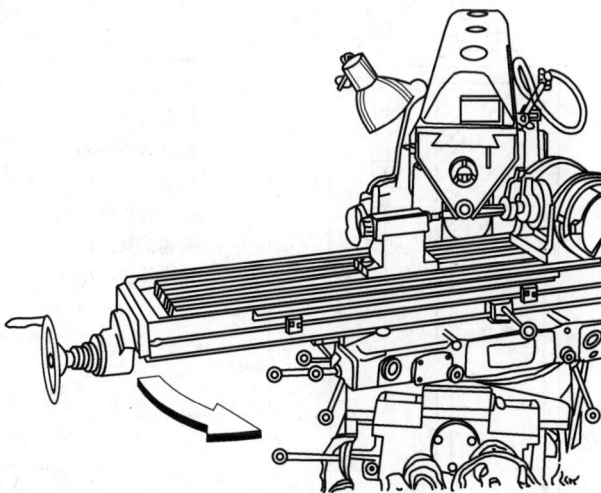

图 5-18　顺时针转动工作台

③ 紧固 4 个螺母。

（6）调整螺旋槽轴向位置和深度

① 将分度销插入圈孔，纵向移动工作台，按图样要求使铣刀的铣削位置距离端面

20mm，在工作台和刻度盘做记号。

② 再沿螺旋槽方向纵向移动工作台 90mm，做好记号并安装自动停止挡铁。

③ 将工作台架回复到起始位置，锁紧纵向工作台，调整垂向工作台，粗铣 2.5mm，精铣 3mm。

（7）粗铣、精铣螺旋槽

① 按起始和终点铣削位置，齿槽深度为 2.5mm 机动进给粗铣螺旋槽，如图 5-19 所示。

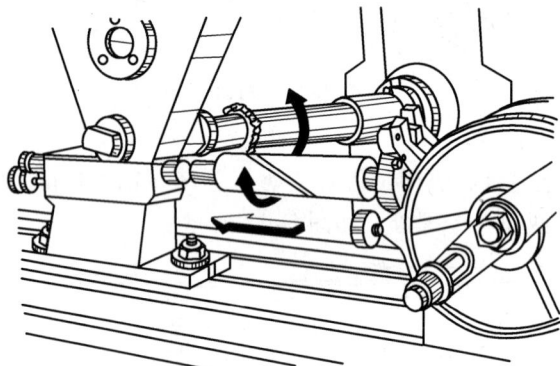

图 5-19　铣螺旋槽

② 用游标卡尺预检槽深度、轴向位置和轴向长度，并按检测结果调整切深后精铣螺旋槽。

任务三　斜齿圆柱齿轮的铣削

斜齿圆柱齿轮即齿线为螺旋线的圆柱齿轮。在铣床上铣斜齿齿轮，其精度在 9 级左右，表面粗糙度可达 $Ra3.2\mu m$。斜齿圆柱齿轮零件如图 5-20 所示。

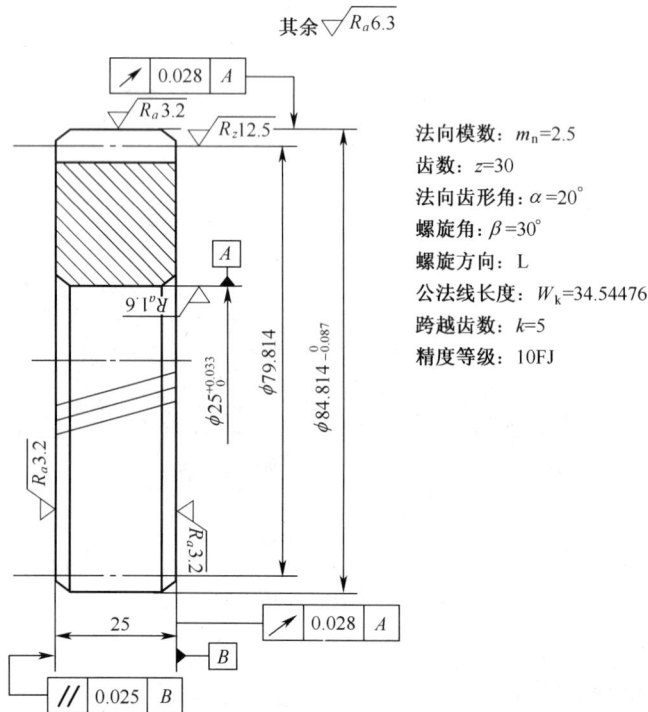

其余 $\sqrt{Ra6.3}$

法向模数：$m_n=2.5$
齿数：$z=30$
法向齿形角：$\alpha=20°$
螺旋角：$\beta=30°$
螺旋方向：L
公法线长度：$W_k=34.54476$
跨越齿数：$k=5$
精度等级：10FJ

图 5-20　斜齿圆柱齿轮零件

1. 工艺准备

（1）图样分析

① 齿轮参数分析

a. 齿轮法向模数 $m_n = 2.5$，齿数 $z = 30$，法向齿形角 $\alpha = 20°$。

b. 齿顶圆直径 $d_a = \phi 84.814^0_{-0.087}\text{mm}$，分度圆直径 $d = \phi 79.814\text{mm}$，齿宽 $b = 25\text{mm}$。

② 齿轮精度要求分析

精度等级 10FJ，公法线长度 $W_k = 34.54476$，跨越齿数 $k = 5$。

③ 坯料相关要求

基准内孔的精度较高，齿顶圆和基准端面对基准孔轴的圆跳动允差为 0.028mm，两端面的平行度允差为 0.025mm。

④ 齿面粗糙度要求分析

齿轮齿面通常用轮廓最大高度上限值表示，本例 $R_z = 12.5\mu\text{m}$。

⑤ 材料分析

零件材料为 40Cr，具有较高的硬度。

⑥ 形体分析

零件为套类零件，宜采用专用芯轴装夹。

（2）选择铣床

根据图样的精度要求，在卧式铣床上用分度头铣削加工。这里选用 X6132 型等类似的万能卧式铣床。

（3）选择装夹方式

在 F11125 型万能分度头上用两顶尖、鸡心夹和拨盘装夹芯轴和工件。

（4）刀具选用

铣斜齿轮时仍选用齿轮盘铣刀。根据法向模数和法向齿形角，选取成套铣刀。刀号的确定有计算法和查表法两种。

① 计算法

根据齿轮的当量齿数 z_v，选取刀号。计算公式 $z_v = z/\cos^2\beta$（四舍五入取整数），或按表 5-2 中的螺旋角 β，查出 K 值，然后乘以齿数，即 $z_v = zK$。有了当量齿数 z_v，即可按 z_v 选取刀号。

表 5-2   当量齿数 K 值表

β	K	β	K	β	K	β	K
5°	1.011	10°30′	1.052	16°	1.127	21°30′	1.241
5°30′	1.013	11°	1.057	16°30′	1.136	22°	1.254
6°	1.016	11°30′	1.062	17°	1.145	22°30′	1.268
6°30′	1.019	12°	1.068	17°30′	1.154	23°	1.282
7°	1.022	12°30′	1.074	18°	1.163	23°30′	1.297
7°30′	1.026	13°	1.080	18°30′	1.172	24°	1.321
8°	1.030	13°30′	1.087	19°	1.182	24°30′	1.328
8°30′	1.034	14°	1.094	19°30′	1.193	25°	1.344
9°	1.038	14°30′	1.102	20°	1.204	25°30′	1.360
9°30′	1.042	15°	1.110	20°30′	1.216	26°	1.377
10°	1.047	15°30′	1.118	21°	1.228	26°30′	1.395

β	K	β	K	β	K	β	K
27°	1.414	36°	1.889	45°	2.828	54°	4.925
27°30′	1.434	36°30′	1.926	45°30′	2.904	54°30′	5.107
28°	1.454	37°	1.966	46°	2.983	55°	5.295
28°30′	1.474	37°30′	2.003	46°30′	3.066	55°30′	5.497
29°	1.495	38°	2.004	47°	3.152	56°	5.710
29°30′	1.517	38°30′	2.086	40°30′	3.242	56°30′	5.940
30°	1.540	39°	2.130	48°	3.336	57°	6.100
30°30′	1.563	39°30′	2.177	48°30′	3.436	57°30′	6.447
31°	1.588	40°	2.225	49°	3.540	58°	6.720
31°30′	1.613	40°30′	2.275	49°30′	3.6550	58°30′	7.010
32°	1.640	41°	2.326	50°	3.767	59°	7.321
32°30′	1.667	41°30′	2.380	50°30′	3.887	59°30′	7.650
33°	1.695	42°	2.436	51°	4.012	60°	8.000
33°30′	1.724	42°30′	2.495	51°30′	4.144	60°30′	8.380
34°	1.755	43°	2.557	52°	4.284	61°	8.780
34°30′	1.787	43°30′	2.621	52°30′	4.433	61°30′	9.\309
35°	1.819	44°	2.687	53°	4.586	62°	9.685
35°30′	1.853	44°30′	2.756	53°30′	4.750	62°30′	10.160

② 查表法

根据图 5-21 所示,可直接查出所需的铣刀刀号,这种方法简便易行。具体查法如下。

a. 先从垂直坐标中找到齿轮的实际齿数位置。

b. 再从水平坐标中找到齿轮螺旋角的位置。

c. 从两个位置点分是向右和向下引直线的交点。

d. 查看交点所在区域号数,则铣刀就是几号。

（5）确定加工过程

斜齿圆柱齿轮的铣削与直齿圆柱轮的铣削基本相同,只是须增加交换齿轮和配置、导程和螺旋方向验证、工作台扳转螺旋角等内容。

（6）选择铣用量

主轴转速和纵向进给量调整为 $n = 75\text{r/min}$ ($v_c \approx 15\text{m/min}$),$v_f = 23.5\text{mm/min}$。

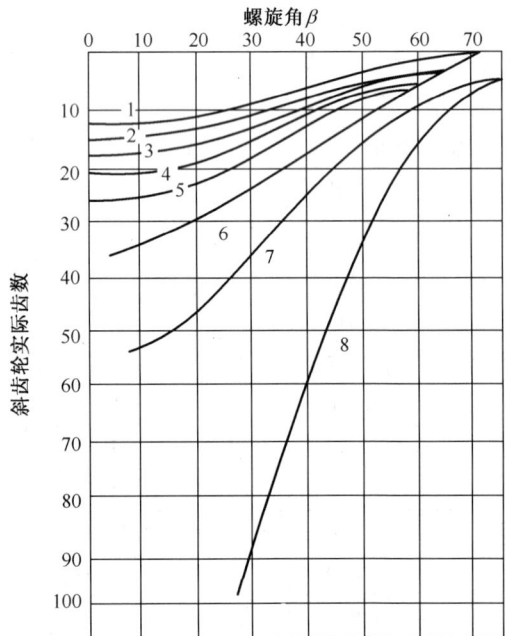

图 5-21　铣斜齿轮铣刀刀号数图

（7）分度手柄转速计算

$$n = \frac{40}{z}r = \frac{40}{3038}r = 1\frac{22}{66}r$$

（8）计算导程和交换齿轮

① 计算导程

根据公式 $P_z = \pi m_n z / \sin\beta$ 计算为

$$P_z = （3.14 \times 2.5 \times 30）/\sin 20° \approx 688.6mm$$

② 计算挂轮

根据公式 $i = z_1/z_2 \times z_3/z_4 = 40P/P_z$ 或者 $i = 40P\sin\beta/\pi m_n z$ 计算，也可通过查表直接查得配换齿轮齿数，然后安装好。本例根据查表，查得 688.6 相近 $P_z = 687.28$，所以交换齿轮为：主动轮 $z_1 = 40$，$z_3 = 55$；被动轮 $z_2 = 70$，$z_4 = 90$。

③ 校验交换齿轮

为了保证齿向的精度可根据公式计算出实际的螺旋角。

$$\sin\beta = \frac{z_1 z_3 \pi m_n z}{z_2 z_4 40 P_丝} = \frac{40 \times 55}{70 \times 90} \times \frac{3.14 \times 2.5 \times 30}{40 \times 6} \approx 0.34266mm$$

$$\beta = 20°2'25''$$

式中，$P_丝$——纵向工作台丝杠螺距，mm。

即用这组交换齿轮加工出来的斜齿圆柱齿轮的螺旋角误差为 $2'25''$。

2. 零件的加工

（1）检查齿坯

本例零件按 $\phi 84.814_{-0.087}^{\ 0}$ 进行检测。

① 根据图样要求检测工件外径是否合格。

② 检查齿坯的径向与端面跳动。

（2）安装分度头及工件并找正（均与铣直齿圆柱齿轮相同）

（3）工件安装

铣斜齿圆柱齿轮与直齿圆柱齿轮时工件的装夹方法相同，分度头的安装与铣螺旋槽相同。但需要注意的是：为防止工件在铣削过程中因铣削力作用而松动，最好采用细牙螺纹紧固工件，同时要将拨盘处螺钉旋紧，以防铣削时中途松动。

（4）对刀与调整工作台转角

① 对刀

铣斜齿圆柱齿轮常用的对刀方法有下面两种。

a. 在调整工作台转角前对刀

可采用划线法或切痕法，具体方法与铣螺旋槽对刀相似。

b. 在调工作台转角后对刀

一般采用划线法，其操作如下。

（a）划线后，将工件旋转 90°，使划线部位朝上。

（b）使盘形铣刀的轴心对两条划线的中间。

（c）开动机床，上升垂向工作台，使铣刀轻微切入工件，开成切痕。

（d）观看斜形切痕是否处于两线中间，如图 5-22 所示，若有误差，则应移动横向工作台进行调整。

② 调整工作台转角

万能铣床工作台扳转角度有大小的方向根据图样要求而定，调整方法与铣螺旋槽一样，本例为左旋 20°，即应将工作台顺时针扳转 20°。

（5）调整铣削位置进行试铣

调整好分度叉，松开分度头主轴紧固手柄与分度头紧固螺钉，摇动分度手柄，使对刀切痕处于铣削部位，然后将分度定位销插入孔盘中，再根据铣削距离，调整好挡铁位置进行试铣，并情况进行调整。

（6）粗、精铣齿槽

① 调整齿槽深度为 5.2mm，机动进给粗铣齿槽，退刀时工作台下降 6mm。

② 按 1 转又 66 孔圈转过 22 孔距分度（分度时工作台不能移动）。

③ 铣削第二条齿槽，铣完后进行检测。合格后再依次铣削其他齿槽，如图 5-23 所示。

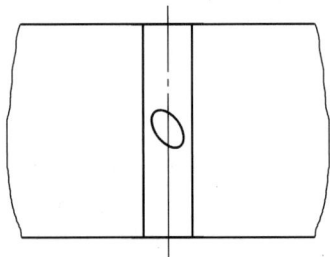

图 5-22　划线切痕对刀

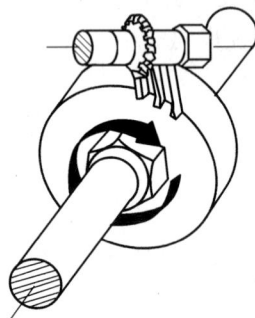

图 5-23　铣斜齿圆柱齿轮

任务四　直齿条的铣削

直齿条零件如图 5-24 所示。

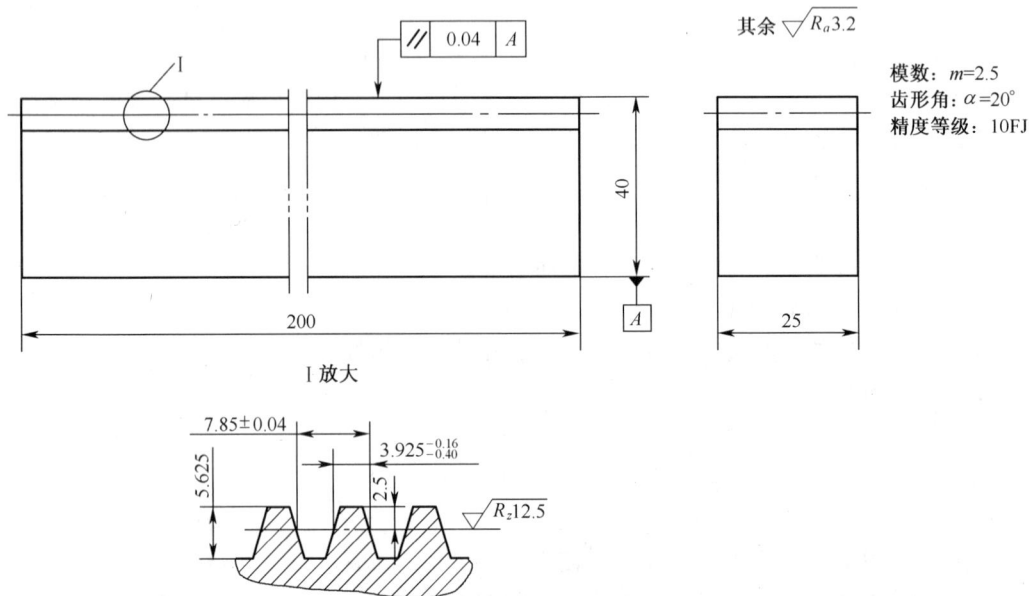

其余 $\sqrt{R_a 3.2}$

模数：$m=2.5$
齿形角：$\alpha = 20°$
精度等级：10FJ

图 5-24　直齿条零件

1. 工艺准备

（1）图样分析

① 齿条参数分析

a. 齿条模数 $m_n = 2.5$，齿形角 $\alpha = 20°$，齿厚 $s = 3.925_{-0.40}^{0.16}$ mm，齿距 $P = 7.85 \pm 0.04$ mm。

b. 齿顶高 $h_a = 2.5$ mm，全齿高 $h = 5.625$ mm，齿宽 $b = 25$ mm。

② 齿轮精度要求分析

精度等级 10FJ。

③ 坯料相关要求

齿面有效长度 200mm，基准精度较高。

④ 齿面粗糙度要求分析

齿轮齿面通常用轮廓最大高度上限值表示，本例 $R_z = 12.5 \mu m$。

⑤ 材料分析

零件材料为 40Cr，具有较高的硬度。

⑥ 形体分析

零件为矩形长条零件，宜采用机用平口钳装夹。

（2）选择铣床

根据图样的精度要求，在卧式铣床上用分度头铣削加工。这里选用 X6132 型等类似的卧式铣床。

（3）选择装夹方式

采用机用平口钳装夹工件，如图 5-25 所示。

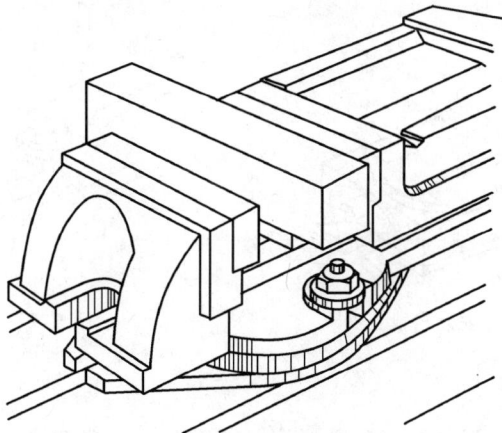

图 5-25　零件的装夹

（4）刀具选用

选择 $m_n = 2.5$ 的 8 号盘形齿轮铣刀。铣刀安装时应尽量靠近挂架，以防铣削时横向工作台无法移动，而导致无法铣削完全齿条长。

（5）确定加工过程

在卧式铣床上加工零件的铣削过程为：预检坯件→安装找正机用平口钳→装夹和找正工件→安装铣刀→对刀试切→预检→铣削。

（6）选择铣削用量

取铣削速度 $v_c = 15\text{m/min}$，则铣床主轴转速为 $n = \dfrac{1000 v_c}{\pi D} = \dfrac{1000 \times 15}{3.14 \times 63} \approx 75.83\text{r/min}$。实际调整铣床主轴转速为 $n = 75\text{r/min}$；每分钟进给量为 $v_f = 37.5\text{mm/min}$。

2. 零件加工

（1）齿轮坯料检验

用游标卡尺检验坯料长度，用千分尺检验坯料高度、宽度尺寸和平行度，用刀口直尺检验齿顶的平面度。

（2）安装平口钳并找正

先将平口钳安装在铣床工作台台面上，定位键嵌入工件台的定位槽内，用螺钉夹紧固定。安装时，以铣床工作台面上的 T 形槽定位。一般情况下，平口钳在工作台台面上的位置应处于工作台长度方向的中心偏左、宽度方向的中心，以方便操作。平口钳安装后还应对钳口进行校正，以保证其加工质量，如图 5-26 所示。

（3）装夹工件并找正

将工件装夹在平口钳中，并用百分表找正齿顶平面与工作台台面的平行度，如图 5-27 所示。

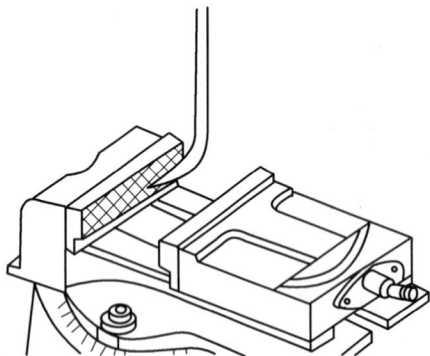

图 5-26　平口钳的安装与找正

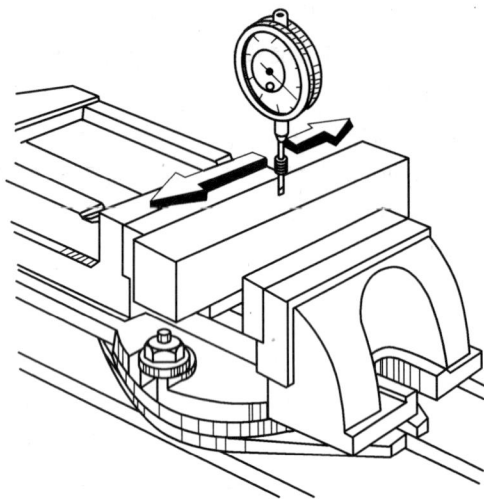

图 5-27　工件的装夹找正

（4）对刀

在工件铣齿部位贴一张薄纸，开动机床，摇动纵向、横向和垂向手柄，使铣刀轻微与薄纸相接触，并在垂向刻度盘上做记号，如图 5-28 所示。

（5）调整铣削层深度

停机，下降工作台，移动纵向和横向工作台，使工件离开铣刀，然后再垂向上升全面齿高 h，如图 5-29 所示。

（6）铣第一齿

① 对刀

调整好切深后，移动纵向和横向工作台，使铣刀的面与工件的侧面相接触，并在横向刻度盘上做记号，如图 5-30 所示。

② 铣削

摇动纵向手柄，使工件离开铣刀，移动横向工作台一个 s 的距离（$s \leqslant P/4 + m\tan\alpha/2 = 7.85/4 + 2.5\tan20° = 2.8724\text{mm}$）。锁紧横向工作台手柄，开机铣削，如图 5-30、图 5-31 所示。

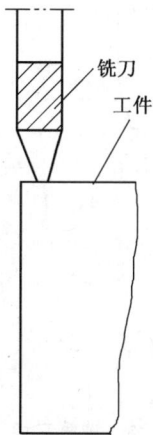

铣刀
工件

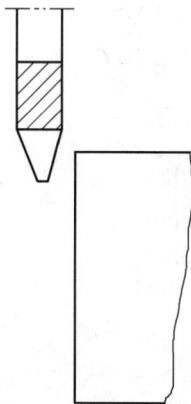

图 5-28 对刀　　图 5-29 调整切深　　图 5-30 第一齿铣削对刀　　图 5-31 铣第一齿

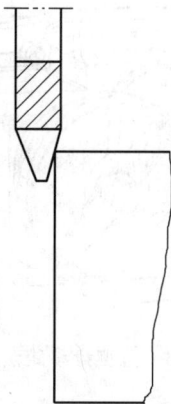

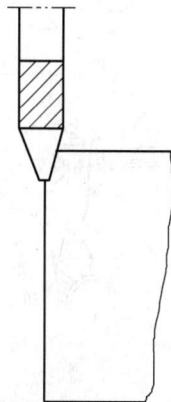

（7）移距

常用的移距的方法有 3 种。

① 刻度盘移法

它是利用横向进给手柄刻度盘转过一定的格数 n 实现移距的。移距时易产生误差，精度较低，只适用于加工批量较小时的短齿条。格数 n 可用以下公式来计算。

$$n = \pi m/F$$

式中，m——齿条模数；

F——刻度盘每格间距，mm。

② 百分表、量块移距法

它是利用百分表、量块控制横向工作台移距的，其移距精度较高，如图 5-32 所示。

③ 分度盘移距法

将分度头的分度盘连同分度手柄拆下来，改装在横向工作台进给丝杠端部，如图 5-33 所示，铣好一齿后，将分度手柄转过一定的转数 n，格数 n 可用以下公式来计算。

$$n = \pi m/P_{丝}$$

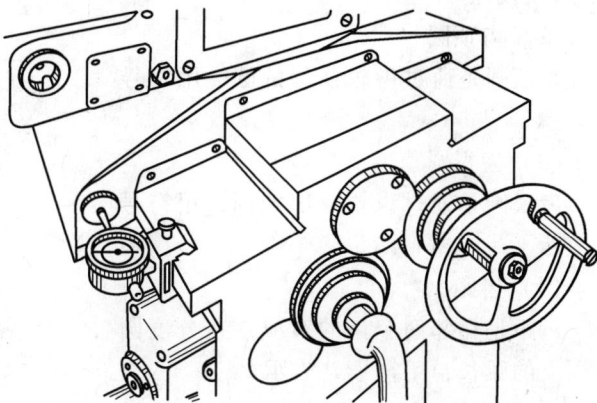

图 5-32 百分表、量块移距法

式中，m——齿条模数；

　　$P_丝$——横向工作台丝杠螺距，mm。

（8）铣第二齿

采用刻度盘移动一个齿距后铣削第二齿，如图 5-34 所示。

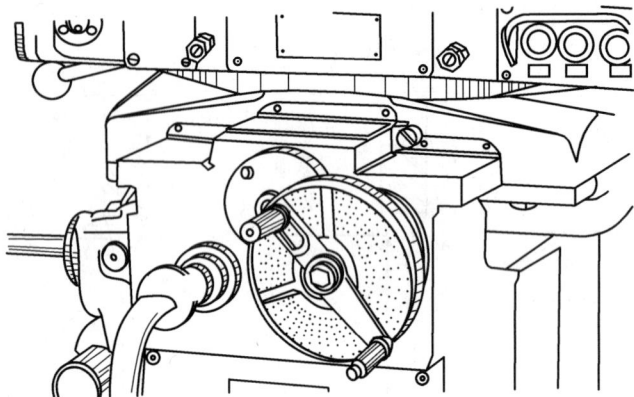

图 5-33　分度盘移距法

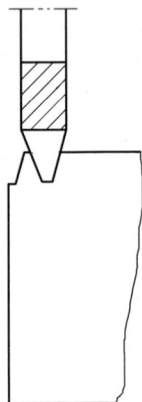

图 5-34　铣第二齿

（9）预检

预检合格后按前述方法铣完其他齿。

5.2　项目基本知识

知识点一　圆柱齿轮和齿条各部分名称和计算

1. 直齿圆柱齿轮各部位名称、含义

直齿圆柱齿轮各部位如图 5-35 所示，其含义表示如下。

（1）分度圆

分度圆是槽宽与齿厚相等处的圆，用符号 d 表示。

（2）齿顶圆

齿顶圆是通过齿轮顶部的圆，用符号 d_a 表示。

（3）齿根圆

齿根圆是通过齿轮根部的圆，用符号 d_f 表示。

（4）齿距

齿距是相邻两个齿的对应点在分度圆圆周上的弧长，用符号 P 表示。

（5）齿宽

齿宽是齿轮轮齿部分的轴向长度，用符号 b 表示。

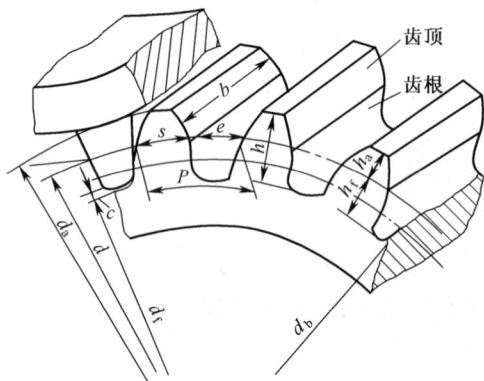

图 5-35　直齿圆柱齿轮各部位的名称

（6）齿厚

齿厚是一个轮齿在分度圆上所占的弧长，用符号 s 表示。

（7）槽宽

槽宽是一个齿槽在分度圆上所占的弧长，用符号 e 表示。

（8）齿顶高

齿顶高是从齿顶圆到分度圆的径向距离，即齿顶圆到分度圆之间的一段齿高，用符号 h_a 表示。

（9）齿根高

齿根高是从齿根圆到分度圆的径向距离，即齿根圆到分度圆之间的一段齿高，用符号 h_f 表示。

（10）全齿高

全齿高是轮齿的全深，齿根圆与齿顶圆之间的径向距离，用符号 h 表示。

（11）顶隙

顶隙是当两个齿轮完全啮合时，一个齿轮的齿顶与另一个齿轮的齿根间的间隙，用符号 c 表示。

（12）中心距

中心距是相互啮合的两个齿轮轴线之间的距离，用符号 a 表示。

（13）压力角

压力角也称为齿形角，是指渐开线上任意受力点方向与该点运动方向之间的夹角，用符号 α 表示，如图5-36所示。压力角随其位置的不同而变化，齿顶部位的压力角最大，齿根部位的压力角最小，国标规定齿轮分度圆上的压力角为20°。

（14）模数

模数是齿轮尺寸计算中的主要参数，用来表示轮齿的大小。模数值等于分度圆直径除以齿数，模数越大，齿形越大，模数越小，齿形越小，如图5-37所示。常用模数见表5-3。

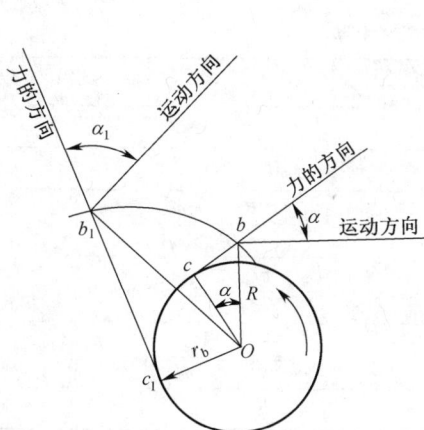

图5-36　渐开线的压力角

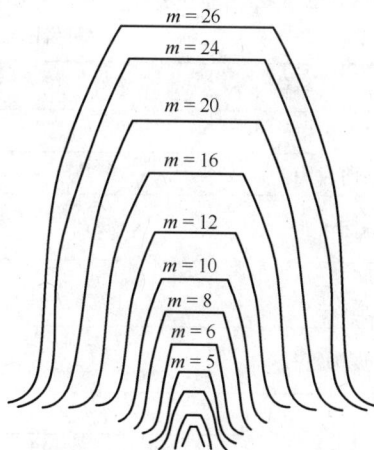

图5-37　模数与轮齿齿廓的关系

表5-3　　　　齿轮常用的标准模数

第一系列	1	1.25	1.5	2	2.5	3	4	5	6
第二系列	1.75	2.25	2.75	3.25	3.5	(3.75)	4.5	5.5	(6.5)
第一系列	8	10	12	16	20	25	32	40	50
第二系列	7	9 (11)	14	18	22	28	(30)	36	45

2. 标准直齿圆柱齿轮各部位的计算

标准直齿圆柱齿轮各部位的计算见表 5-4。

表 5-4 　　　　　　　　　　　标准直齿圆柱齿轮各部位的计算公式

各部位的名称	符号	计算公式	各部位的名称	符号	计算公式
分度圆直径	d	$d = mz$	基圆直径	d_b	$d_b = mz\cos\alpha$
齿顶高	h_a	$h_a = m$	齿距	P	$P = \pi m$
齿根高	h_f	$h_f = 1.25m$	齿厚	s	$s = 1.5708m$
全齿高	h	$h = 2.25m$	槽宽	e	$e = 1.5708m$
齿顶圆直径	d_a	$d_a = d + 2h_a = m(z+2)$	顶隙	c	$c = 0.25m$
齿根圆直径	d_f	$d_f = d - 2h_f = m(z-2.5)$	中心距	a	$a = 1/2(d_1+d_2) = m/2(z_1+z_2)$

3. 斜齿圆柱齿轮各部位名称、含义与计算

（1）斜齿圆柱齿轮各部位名称、含义

① 模数

斜齿圆柱齿轮的模数有法面模数 m_n 和端面模数 m_t，法面模数是斜齿轮的标准模数。

② 压力角

斜齿圆柱齿轮的压力角有法面压力角 α_n 和端面压力角 α_t，法面压力角是斜齿圆柱齿轮的标准压力角。

③ 螺旋角

圆柱上的轮齿螺旋角，用符号 β 表示。斜齿圆柱齿轮中的其他各部位的名称与直齿圆柱齿轮相同。

（2）斜齿圆柱齿轮各部位尺寸的计算

斜齿圆柱齿轮各部位尺寸的计算见表 5-5。

表 5-5 　　　　　　　　　　　斜齿圆柱齿轮各部位尺寸的计算

各部位的名称	符 号	计 算 公 式
端面模数	m_t	$m_t = m_n/\cos\beta$
法向齿距	P_n	$P_n = \pi m_n$
端面齿距	P_t	$P_t = \dfrac{P_n}{\cos\beta} = \dfrac{\pi m_n}{\cos\beta}$
齿厚	s	$s = \dfrac{P_n}{2} = \dfrac{\pi m_n}{2} = 1.5708m_n$
分度圆直径	d	$d = m_t z = \dfrac{m_n z}{\cos\beta}$
齿顶高	h_a	$h_a = m_n$
齿隙	c	$c = 0.25m_n$
齿根高	h_f	$h_f = h_a + c = m_n + 0.25m_n = 1.25m_n$
全齿高	h	$h = h_a + h_f = m_n + 1.25m_n = 2.25m_n$
齿顶圆直径	d_a	$d_a = d + 2h_a = \dfrac{\pi m_n}{\cos\beta} + 2m_n = m_n\left(\dfrac{z}{\cos\beta}+2\right)$
导程	P_z	$P_z = \dfrac{\pi}{\cos\beta} \times \dfrac{m_n z}{\cos\beta} = \dfrac{\pi m_n z}{\cos\beta}$

4. 齿条各部位名称、含义和计算

直齿条是基圆直径无限大时的直齿轮，齿轮的分度圆、齿顶圆、齿根圆在齿条中称为分度线、齿顶线、齿根线，如图 5-38 所示，其余各部位的名称与直齿圆柱齿轮相同。

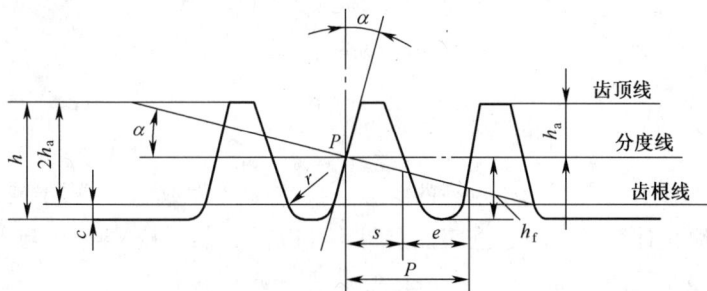

图 5-38 直齿条的齿形

直齿条各部位尺寸的计算见表 5-6。

表 5-6　　　　　　　　　　　直齿条各部位尺寸的计算

各部位的名称	符号	计算公式	各部位的名称	符号	计算公式
齿顶高	h_a	$h_a = m$	齿厚	s	$s = 1.5708m$
齿根高	h_f	$h_f = 1.25m$	齿槽	e	$e = 1.5708m$
全齿高	h	$h = 2.25m$	径向间隙	c	$c = 0.25m$
齿距	P	$P = \pi m$			

知识点二　圆柱齿轮一般测量方法与质量分析

1. 直齿圆柱齿轮的测量

（1）齿厚的测量

齿厚的测量采用齿厚游标卡尺进行，有分度圆弦齿厚测量和固定弦齿厚测量。

① 齿厚游标卡尺

齿厚游标卡尺是用来测量齿轮、齿条、蜗轮和蜗杆弦齿厚的量具，它由两个相互垂直的主尺及两个游标尺组成。测量时，先将垂直游标尺调整到弦齿高 $\bar{h}_a$ 的高度上，并靠上齿顶面，然后移动水平游标尺，使两个量爪与齿侧面接触，即可测得齿厚 $\bar{s}$，如图 5-39 所示。其原理和读数方法与一般游标卡尺相同。使用时应使垂直量爪的底面、水平尺两量爪的测量面，分别与所测齿轮轮齿的齿顶面和齿侧面都接触。

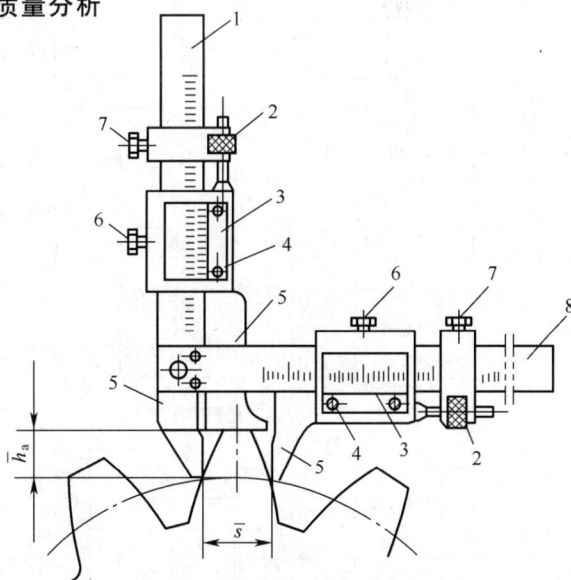

1—垂直主尺；2—微调螺母；3—游标尺；4—游标框；
5—测量爪；6—紧固螺钉；7—紧固螺母；8—水平主尺

图 5-39 齿厚游标卡尺

② 齿厚的计算

a. 分度圆弦齿厚的计算

分度圆弦齿厚略小于分度圆弧齿厚，弦齿高略大于分度圆弧齿高。分度圆弦齿厚与弦齿高可按下式计算：

$$\bar{s} = mz\sin\frac{90°}{z}$$

$$\overline{h_a} = m\left[1 + \frac{\pi}{2}\left(1 - \cos\frac{90°}{2}\right)\right]$$

由公式可知，影响弦齿厚和弦齿高的参数是模数 m 和齿数 z，计算不同模数的弦齿厚与弦齿高时，为了简化计算，可通过查表法求得 $\bar{s}^*$ 和 $\overline{h_a}^*$，然后按 $\bar{s} = \overline{ms}^*$ 与 $\overline{h_a} = \overline{mh_a}^*$ 进行计算。表 5-7 中列出了当模数 $m=1$ 齿数的弦齿厚 $\bar{s}^*$ 和弦齿高 $\overline{h_a}^*$。

表 5-7　　　　　　　　　　　分度圆弦齿厚与弦齿高（$m=1$）　　　　　　　　（单位：mm）

齿数 z	齿厚 $\bar{s}^*$	齿高 $\overline{h_a}^*$	齿数 z	齿厚 $\bar{s}^*$	齿高 $\overline{h_a}^*$	齿数 z	齿厚 $\bar{s}^*$	齿高 $\overline{h_a}^*$
12	1.5663	1.0513	46	1.5705	1.0134	80	1.5707	1.0077
13	1.5669	1.0474	47	1.5705	1.0131	81	1.5707	1.0076
14	1.5675	1.0440	48	1.5705	1.0128	82	1.5707	1.0075
15	1.5679	1.0411	49	1.5705	1.0126	83	1.5707	1.0074
16	1.5683	1.0385	50	1.5705	1.0124	84	1.5707	1.0073
17	1.5686	1.0363	51	1.5705	1.0121	85	1.5707	1.0073
18	1.5688	1.0342	52	1.5706	1.0119	86	1.5707	1.0072
19	1.5690	1.0324	53	1.5706	1.0116	87	1.5707	1.0071
20	1.5692	1.0308	54	1.5706	1.0114	88	1.5707	1.0070
21	1.5693	1.0294	55	1.5706	1.0112	89	1.5707	1.0069
22	1.5694	1.0280	56	1.5706	1.0110	90	1.5707	1.0069
23	1.5695	1.0268	57	1.5706	1.0108	91	1.5707	1.0068
24	1.5696	1.0257	58	1.5706	1.0106	92	1.5707	1.0067
25	1.5697	1.0247	59	1.5706	1.0104	93	1.5707	1.0066
26	1.5698	1.0237	60	1.5706	1.0130	94	1.5707	1.0065
27	1.5699	1.0228	61	1.5706	1.0101	95	1.5707	1.0065
28	1.05699	1.0220	62	1.5706	1.0100	96	1.5707	1.0064
29	1.5700	1.0212	63	1.5706	1.0098	97	1.5707	1.0064
30	1.5701	1.0205	64	1.5706	1.0096	98	1.5707	1.0063
31	1.5701	1.0199	65	1.5706	1.0095	99	1.5707	1.0062
32	1.5702	1.0193	66	1.5706	1.0093	100	1.5707	1.0059
33	1.5702	1.0187	67	1.5706	1.0092	105	1.5708	1.0056
34	1.5702	1.0181	68	1.5706	1.0091	110	1.5708	1.0054
35	1.5703	1.0176	69	1.5706	1.0089	115	1.5708	0.0051
36	1.5703	1.0171	70	1.5706	1.0088	120	1.5708	1.0049
37	1.5703	1.0167	71	1.5707	1.0087	125	1.5708	1.0048
38	1.5703	1.0162	72	1.5707	1.0086	127	1.5708	1.0047
39	1.5704	1.0158	73	1.5707	1.0084	130	1.5708	1.0046
40	1.5704	1.0154	74	1.5707	1.0083	135	1.5708	1.0044
41	1.5704	1.0150	75	1.5707	1.0082	140	1.5708	1.0042
42	1.5704	1.0146	76	1.5707	1.0080	150	1.5708	1.0041
43	4.5705	1.0144	77	1.5707	1.0080	齿条	1.5708	1.0000
44	1.5705	1.0140	78	1.5707	1.0079			
45	1.5705	1.0137	79	1.5709	1.0078			

注：① 本表也适用于斜齿轮和锥齿轮，但要按当量齿数查此表；

② 如果当量齿数带有小数，就要用比例插入法，把小数考虑进去。

b. 固定弦齿厚的计算

固定弦齿厚是指基准齿条齿形与齿轮形对称相切时两点间的距离 AB，如图 5-40 所示，而固定弦 AB 到齿顶的距离称为弦齿高，具体可按下式计算：

$$\bar{s}_c = \frac{\pi m}{2} \cos^2 \alpha$$

$$\bar{h}_c = m \left(1 - \frac{\pi}{8} \sin^2 \alpha \right)$$

由计算公式可知，固定弦齿厚与固定弦齿高只与齿轮模数、压力角相关，与齿数无关，也就是说不论齿轮齿数是多少，只要模数与压力角一定时，宏观世界的齿厚尺寸就一样。表 5-8 中列出了压力角 $\alpha = 20°$ 时不同模数所对应的固定弦齿厚和固定弦齿高。

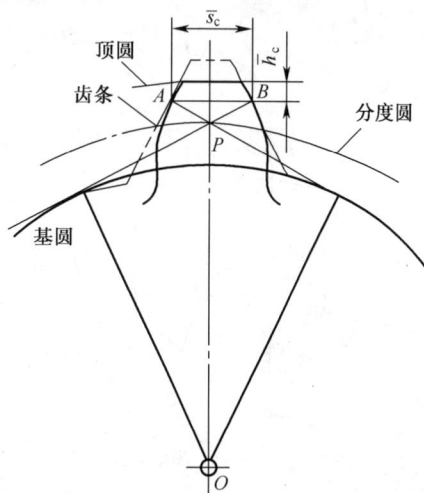

图 5-40　齿轮固定弦齿厚与固定弦齿高

表 5-8　　　　　固定弦齿厚与弦齿高（$\alpha = 20°$）　　　　　（单位：mm）

模数 m	固定弦齿厚 $\bar{s}_c$	固定弦齿高 $\bar{h}_c$	模数 m	固定弦齿厚 $\bar{s}_c$	固定弦齿高 $\bar{h}_c$	模数 m	固定弦齿厚 $\bar{s}_c$	固定弦齿高 $\bar{h}_c$
1	1.3871	0.7476	4	5.5482	2.9903	10	12.8705	7.4757
1.25	1.7338	0.9344	4.25	5.8950	3.1772	11	15.2575	8.2233
1.5	2.0806	1.1214	4.5	6.2417	3.3641	12	13.6446	8.9709
1.75	2.4273	1.3082	4.75	6.5885	3.5510	13	18.0316	9.7185
2	2.7741	1.4951	5	6.9353	3.7679	14	19.4187	10.4661
2.25	3.1209	1.6820	5.5	7.6288	4.1117	15	20.8057	11.2137
2.5	3.4677	1.8689	6	8.3223	4.4858	16	22.1928	11.9612
2.75	3.8144	2.0558	6.5	9.0158	4.8592	18	24.9669	13.4564
3	4.1612	2.2427	7	9.7093	5.2330	20	27.7410	14.9515
3.25	4.5079	2.4296	7.5	10.4029	5.6068	22	30.5151	16.4467
3.5	4.8547	2.6165	8	11.0964	5.9806	24	33.2892	17.9419
3.75	5.2017	2.8034	9	12.4834	6.7282	25	34.6762	18.6895

注：测量斜齿轮时，应按法向模数查表；测量锥齿轮时，应按大端模数查表。

c. 弦齿厚的测量

弦齿厚的测量方法如图 5-41 所示。首先根据计算得到的固定弦齿高或分度圆弦齿高调整齿厚游标卡尺垂直游标。若齿顶圆直径有误，应计入误差对弦齿高的影响值。测量时先将垂直尺测量面紧贴齿顶面，然后用横尺测量弦齿厚。

（2）公法线长度的测量

公法线长度是指齿轮上相隔几个齿的两个外侧面之间的垂直距离。公法线长度内所跨测的齿轮齿数称为跨测齿数或跨越齿数。公法线长度可用普通游标卡尺测量，对于精度要求较高的齿轮，可使用公法线千分尺进行测量，如图 5-42 所示。

标准直齿轮在测量时，测跨齿数 k 和公法线长度 W_k 可分别用下式计算：

$$k = 0.111z + 0.5 \qquad （四舍五入取整数）$$

$$W_k = m \left[2.9521 (k - 0.5) + 0.014z \right]$$

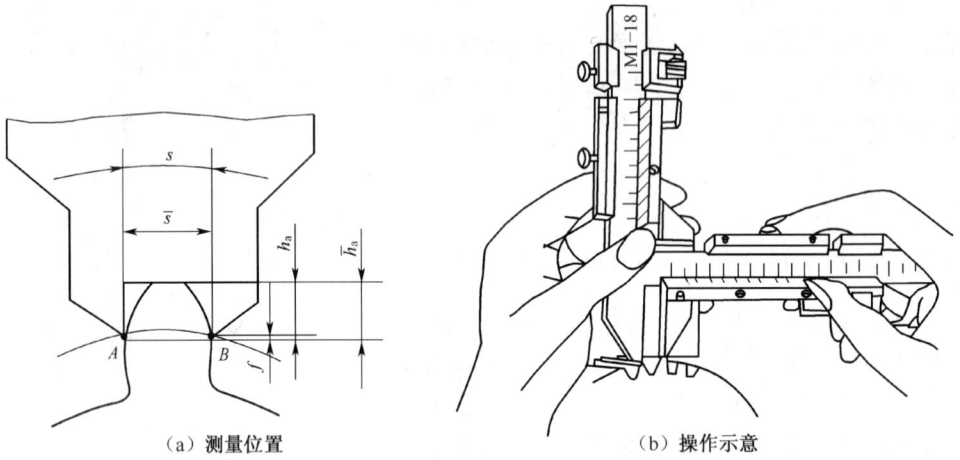

（a）测量位置 （b）操作示意

图 5-41 分度圆弦齿厚的测量

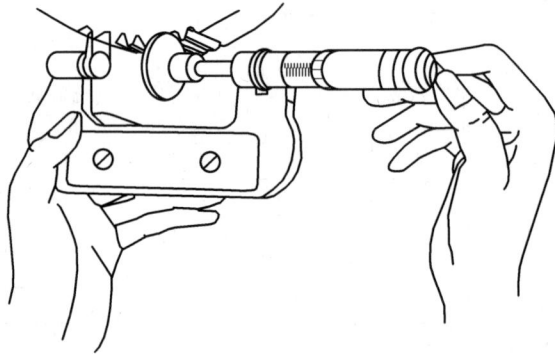

图 5-42 用公法线千分尺测量公法线长度

为了省略计算，常采用查表法求得测跨齿数 k 和公法线长度 W_k。表 5-9 中的公法线长度为 $m=1$ 时的长度，所以在表中查出的公法线长度 W_k 应乘以被测齿轮的模数 m，其乘积才是所测公法线长度。测跨齿数 k 可直接从表中查出。测量时也应按齿轮精度的高低，分别从计算值中减去上偏差、下偏差，才是被测齿轮的实际公法线长度。

表 5-9 标准直齿圆柱齿轮公法线长度 （$m=1$）

测测齿轮总齿数 z	跨测齿数 k	公法线长度 W_k（mm）	测测齿轮总齿数 z	跨测齿数 k	公法线长度 W_k（mm）	测测齿轮总齿数 z	跨测齿数 k	公法线长度 W_k（mm）
10		4.5683	22		7.6884	34		10.8086
11		4.5823	23		7.7025	35	4	10.8226
12		4.5963	24		7.7165	36		10.8367
13		4.6103	25	3	7.7305	37		13.8028
14		4.6243	26		7.7445	38		13.8168
15	2	4.6483	27		7.7585	39		13.8308
16		4.6523	28		10.7246	40		13.8448
17		4.6663	29		10.7386	41	5	13.8588
18		4.6803	30		10.7526	42		13.8728
19		7.6464	31	4	10.7666	43		13.8868
20	3	7.6604	32		10.7806	44		13.9008
21		7.6744	33		10.7946	45		13.9148

续表

测测齿轮总齿数 z	跨测齿数 k	公法线长度 W_k（mm）	测测齿轮总齿数 z	跨测齿数 k	公法线长度 W_k（mm）	测测齿轮总齿数 z	跨测齿数 k	公法线长度 W_k（mm）
46	6	16.8810	94	11	32.3139	142	16	47.7468
47		16.8950	95		32.3279	143		47.7608
48		16.9090	96		32.3419	144		47.7748
49		16.9230	97		32.3559	145	17	50.7410
50		16.9370	98		32.3669	146		50.7550
51		16.9510	99		32.3839	147		50.7690
52		16.9650	100	12	35.3500	148		50.7830
53		16.9790	101		35.3641	149		50.7970
54		16.9930	102		35.3781	150		50.8110
55	7	19.9591	103		35.3921	151		50.8250
56		19.9732	104		35.4061	152		50.8390
57		19.9872	105		35.4201	153		50.8530
58		20.0012	106		35.4341	154	18	53.8192
59		20.0152	107		35.4481	155		53.8332
60		20.0292	108	13	38.4142	156		53.8472
61		20.0432	109		38.4282	157		53.8612
62		20.0572	110		38.4422	158		53.8752
63		20.0712	111		38.4563	159		53.8892
64	8	23.0373	112		38.4703	160		53.9032
65		23.0513	113		38.4843	161		93.9172
66		23.0653	114		38.4983	162		53.9312
67		23.0793	115		38.5123	163	19	56.8973
68		23.0933	116		38.5263	164		56.9113
69		23.1074	117		38.5403	165		56.9254
70		23.1214	118	14	41.5064	166		56.9394
71		23.1354	119		41.5205	167		56.9534
72		23.1494	120		41.5344	168		56.9674
73	9	26.1155	121		41.5484	169		56.9814
74		26.1295	122		41.5625	170		56.9954
75		26.1435	123		41.5765	171		57.0094
76		26.1575	124		41.5905	172	20	59.9755
77		26.1715	125		41.6045	173		59.9895
78		26.1855	126		41.6185	174		60.0035
79		26.1995	127	15	44.5846	175		60.0175
80		26.2135	128		44.5986	176		60.0315
81		26.2275	129		44.6126	177		60.0456
82	10	29.1937	130		44.6266	178		60.0596
83		29.2077	131		44.6404	179		60.0736
84		29.2217	132		44.6546	180		60.0876
85		29.2357	133		44.6686	181	21	63.0537
86		29.2497	134		44.6826	182		63.0677
87		29.2637	135		44.6966	183		63.0817
88		29.2777	136	16	47.6628	184		63.0957
89		29.2917	137		47.6768	185		63.1097
90		29.3057	138		47.6908	186		63.1237
91	11	32.2719	139		47.7048	187		63.1377
92		32.2859	140		47.7188	188		63.1517
93		32.2999	141		47.7328	189		63.1657

续表

测测齿轮总齿数 z	跨测齿数 k	公法线长度 W_k（mm）	测测齿轮总齿数 z	跨测齿数 k	公法线长度 W_k（mm）	测测齿轮总齿数 z	跨测齿数 k	公法线长度 W_k（mm）
190	22	66.1319	194	22	66.1879	198	22	69.2439
191		66.1459	195		66.2019	199	23	69.2101
192		66.1599	196		66.2159	200		69.2241
193		66.1739	197		66.2299			

（3）补充进刀量的计算

当铣齿轮时，为把齿面铣光洁，保证齿厚尺寸精确，一般精铣时的进刀量确定应在测量公法线长度或测量齿厚以后确定，因此需要补充进刀量。补充进刀量可按下式计算：

① 弦齿厚度量补充进刀量 $\Delta\bar{s}$，当齿形角 $\alpha = 20°$ 时：

$$\Delta\bar{s} = 1.37\ (\bar{s}_实 - \bar{s})$$

② 公法线长度测量补充进刀量 ΔW，当齿形角 $\alpha = 20°$ 时：

$$\Delta W = 1.462\ (W_{k实} - W_k)$$

（4）齿圈径向跳动的测量

根据齿轮加工精度要求，除测量齿厚和公法线长度外，还应测量齿圈径向跳动。齿圈径向跳动是指齿轮在转动一转内百分表在齿槽中部和齿形两侧双面接触，测头相对于齿轮轴线最大变动量，如图5-43所示。其跳动允差 F_r 值可用查表法得知。

2. 斜齿圆柱齿轮的测量

（1）齿厚的测量

斜齿圆柱齿轮应在法向截面内测量法向弦齿厚，如图5-44所示。

① 分度圆弦齿厚测量

分度圆弦齿厚测量与直齿圆柱齿轮计算公式

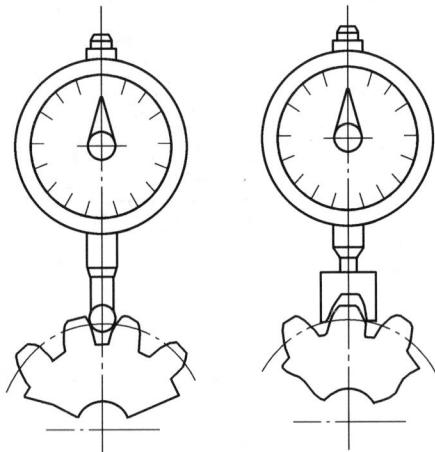

图5-43 齿圈径向跳动的测量

基本相同，只是式中的齿数 z 应改为当量齿数 K，模数为法向模数 m_n。

$$\bar{s}_n = m_n K \sin\frac{90°}{K}$$

$$\bar{h}_{ac} = m_n\left[1 + \frac{K}{2}\left(1 - \cos\frac{90°}{K}\right)\right]$$

② 固定弦齿厚测量

固定弦齿厚测量与测量直齿圆柱齿轮计算公式相同。

（2）公法线长度测量

斜齿圆柱齿轮应测量法向公法线长度 W_{kn}，在法向截面内进行。跨测齿数根据当量齿数确定，测量方法如图5-45所示。

3. 齿条的测量

齿条主要测量齿厚和齿距。

（1）齿厚的测量

用齿厚游标卡尺测量 $s = P/2 = \pi m/2$ 和 $h = m$。应根据图样要求和 s、h 的上偏差、下偏差进行测量。

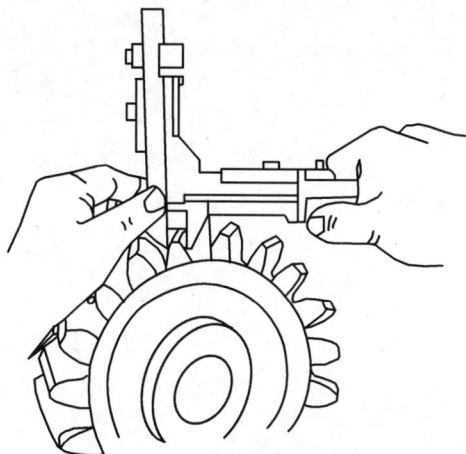

图 5-44　测量法向弦齿厚

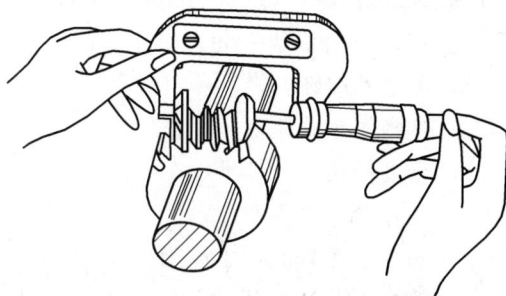

图 5-45　用公法线千分尺测量斜齿圆柱齿轮

（2）齿距的测量

齿跨的检测方法有两种。

① 用齿厚游标卡尺测量

如图 5-46 所示，测量时先将齿高尺调整到与工件模数相同的尺寸高度，再进行测量。此时齿厚尺两测量爪间的读数为齿距为 $P+s$，即齿距 + 齿厚。

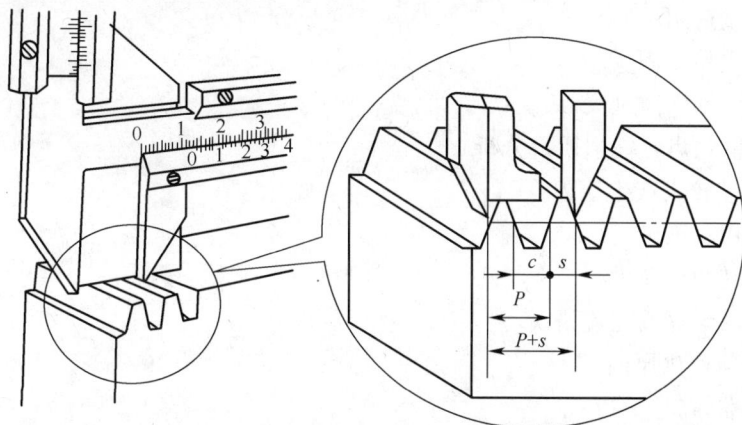

图 5-46　用齿厚游标卡尺测量齿距

② 用圆棒、千分尺测量

如图 5-47 所示，测量时将两根直径相同的圆棒放入齿槽中，用千分尺测量两圆棒间的距离 L 应等于 $P+D$，即齿距 + 圆棒直径。

4. 质量分析

（1）直齿圆柱齿轮铣削质量分析

① 齿槽偏斜产生原因

a. 对刀不准确。

b. 铣削时工作台横向未锁紧。

② 齿厚（或公法线长度）不等产生原因

a. 分度操作不准确（少转或多转圈孔）。

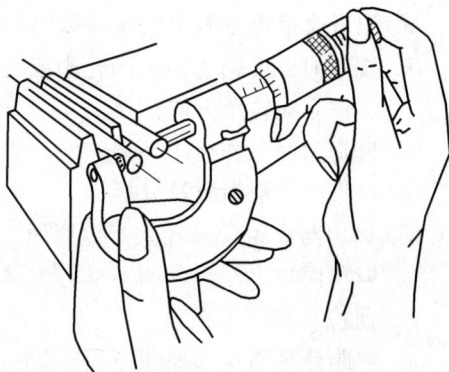

图 5-47　用圆棒、千分尺测量齿距

b. 工件径向圆跳动过大。

c. 分度时未消除分度间隙。

d. 铣削时未锁紧分度头主轴。

e. 铣削过程中工件产生微量角度位移。

③ 齿厚（公法线）超差产生原因

a. 测量不准确。

b. 选择不正确铣刀。

c. 分度错误。

d. 工作台零位不准。

④ 齿形误差较大产生原因

a. 选择不正确铣刀。

b. 工作台零位不准确。

⑤ 齿向误差较大产生原因

a. 芯轴垫圈不平行。

b. 工作装夹后未找正端面圆跳动。

c. 分度头和尾座轴线与进给方向不平行。

⑥ 齿面粗糙度过大产生原因

a. 铣削用量选用不当。

b. 工件装夹不牢固。

c. 分度头主轴间隙过大。

（2）斜齿圆柱齿轮铣削质量分析

① 槽形误差较大产生原因

a. 铣刀选用不正确。

b. 工作台转角误差大。

c. 交换齿轮计算或配置错误。

② 齿槽偏斜产生原因

a. 对刀不准确。

b. 分度头未安装在工作台中间 T 形槽内。

③ 轮齿铣坏产生原因

a. 配置交换齿轮时中间轮齿数错误。

b. 铣削时分度销为插入圈孔中或铣削时分度销跳出孔外。

c. 工作台扳转角方向错误。

d. 铣退刀时工作台未下降。

（3）直齿条铣削质量分析

① 齿厚与齿距误差较大产生原因

a. 齿顶面与工作台台面不平行。

b. 预检时测量不准确。

c. 移距计算错误和操作不当。

d. 铣削层深度调整错误。

② 齿向误差较大产生原因

a. 工件轴线与工作台横向不平行。

b. 工件装夹不牢固，铣削时产生位移。

知识点三　螺旋槽铣削的要素

1. 螺旋线的形成

如图 5-48 所示，圆柱体上一点 A 在沿圆周做等速旋转运动的同时又沿母线做等速直线运动，则 A 点在圆柱体表面所留下的运动轨迹就是螺旋线。若将绕圆柱体一周的螺旋线展开，可形成由螺旋线 AB、圆柱体周长 AC 和动点轴向移动距离 BC 组成的三角形。当螺旋线 AB 由左向下方指向右上方时，为右旋；当螺旋线 AB 由右下方指向左上方时，为左旋。

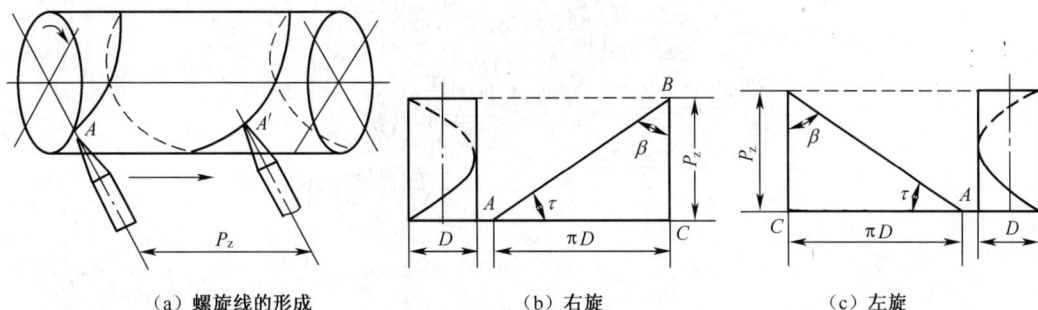

（a）螺旋线的形成　　　　　（b）右旋　　　　　（c）左旋

图 5-48　圆柱等速螺旋线

2. 螺旋槽的主要要素

（1）直径 D

螺旋线槽的直径可分为外径、底径和中径。底径是指槽口所在圆柱面直径；底径是指槽底所在圆柱面直径；中径是指槽中部所在圆柱面直径。

（2）导程 P_z

动点沿螺旋线一周在轴向方向移动的距离为导程。在同一螺旋槽上各处的导程都相等。

（3）螺旋角 β

螺旋角是指螺旋的切线与圆柱体轴线间的夹角。螺旋角与导程、圆柱体直径的关系为：

$$\tan\beta = \pi D / P_z$$

$$P_z = \pi D \tan\beta$$

（4）导程角 τ

螺旋线的切线与圆柱体端面间的夹角为导程角，又称螺旋升角（$\tau + \beta = 90°$）。

（5）螺旋线的头数 z 与螺距 P

螺旋线的头数、螺距与导程的关系为：

$$P_z = Pz$$

3. 挂轮的计算与安装

在铣床上铣出螺旋线必须将铣床纵向工作台丝杠和分度头侧轴连接起来，实现工件旋转的同时工作台连同工件又要做直线移动，因此可用挂轮来实现，如图 5-49 所示。

挂轮公式为：

$$i = z_1/z_2 \times z_3/z_4 = 40P/P_z$$

式中，40——分度头定为当数；

P——铣床工作台丝杠螺距；

P_z——工件螺旋线导程；

z_1、z_2——主动轮（应装于工作台丝杠一端）；

z_3、z_4——被动轮（应装于分度头侧轴上）。

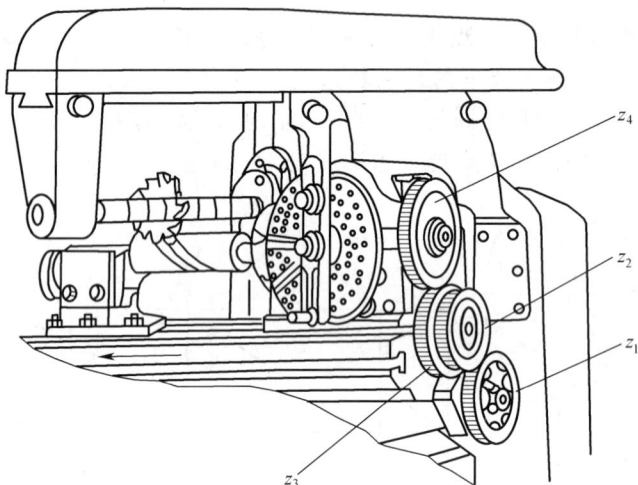

图 5-49　铣螺旋槽时挂轮的配置位置

4. 螺旋槽的铣削要点

① 选择万能分度头装夹工件，在万能卧式铣床上用盘形铣刀铣削圆柱螺旋槽时，应在分度头与工作台纵向丝杠之间配置交换齿轮，以保证工件做等速旋转运动的同时做等速直线运动。其关系是工件匀速旋转一周的同时，工作台带动工件匀速直线移动一个导程。

② 在加工矩形螺旋槽时，由于用三面刃铣刀会产生严重的干涉，通常采用立铣刀或键槽铣刀加工，此时工作台可不必转动角度。采用立铣刀加工圆柱面螺旋槽，虽然因螺旋槽各处的螺旋角不同也会产生干涉，但对槽形的影响较小。

项目学习评价

一、思考练习题

1. 直齿圆柱齿轮铣削时怎样装夹和找正工件？

2. 直齿圆柱齿轮铣削时怎样对刀？

3. 铣削齿轮用铣刀怎样选用？

4. 在万能卧式铣床上用盘形铣刀铣削圆柱螺旋槽时，如何扳转工作台角度？

5. 铣削螺旋槽时怎样检测导程和螺旋槽方向？

6. 斜齿圆柱齿轮的铣削方法是什么？

7. 铣直齿条时常用的移距方法有哪些？

8. 圆柱齿轮铣削时常会产生哪些缺陷？主要原因是什么？

9. 补充进刀量如何计算？

10. 怎样测量齿条的齿距？

二、自我评价、小组互评及教师评价

	评价内容	自我评价	小组互评	教师评价
技能	直齿圆柱齿轮的铣削	掌握（ ）模仿（ ） 不会（ ）	掌握（ ）模仿（ ） 不会（ ）	掌握（ ）模仿（ ） 不会（ ）
	圆柱螺旋槽的铣削	掌握（ ）模仿（ ） 不会（ ）	掌握（ ）模仿（ ） 不会（ ）	掌握（ ）模仿（ ） 不会（ ）
	斜齿圆柱齿轮的铣削	掌握（ ）模仿（ ） 不会（ ）	掌握（ ）模仿（ ） 不会（ ）	掌握（ ）模仿（ ） 不会（ ）
	直齿条的铣削	掌握（ ）模仿（ ） 不会（ ）	掌握（ ）模仿（ ） 不会（ ）	掌握（ ）模仿（ ） 不会（ ）
知识	圆柱齿轮和齿条各部分名称和计算	应用（ ）理解（ ） 不懂（ ）	应用（ ）理解（ ） 不懂（ ）	应用（ ）理解（ ） 不懂（ ）
	圆柱齿轮一般测量方法与质量分析	应用（ ）理解（ ） 不懂（ ）	应用（ ）理解（ ） 不懂（ ）	应用（ ）理解（ ） 不懂（ ）
	螺旋槽铣削的要素	应用（ ）理解（ ） 不懂（ ）	应用（ ）理解（ ） 不懂（ ）	应用（ ）理解（ ） 不懂（ ）
简单评语				

三、个人学习小结

从学习的过程、技能练习提高、知识领会感悟、操作体验、需要提高之处、希望改进及对教学的建议等方面写出一份不少于 300 字的项目报告。

参 考 文 献

[1] 胡家福．铣工（初级）．北京：机械工业出版社，2006．
[2] 王兵，勒力．铣工．武汉：湖北科学技术出版社，2009．
[3] 邱言龙，王兵．铣工入门（第 2 版）．北京：机械工业出版社，2008．

世纪英才·中职教材目录（机械、电子类）

书　名	书　号	定　价
模块式技能实训·中职系列教材（电工电子类）		
电工基本理论	978-7-115-15078	15.00 元
电工电子元器件基础（第2版）	978-7-115-20881	20.00 元
电工实训基本功	978-7-115-15006	16.50 元
电子实训基本功	978-7-115-15066	17.00 元
电子元器件的识别与检测	978-7-115-15071	21.00 元
模拟电子技术	978-7-115-14932	19.00 元
电路数学	978-7-115-14755	16.50 元
复印机维修技能实训	978-7-115-16611	21.00 元
脉冲与数字电子技术	978-7-115-17236	19.00 元
家用电动电热器具原理与维修实训	978-7-115-17882	18.00 元
彩色电视机原理与维修实训	978-7-115-17687	22.00 元
手机原理与维修实训	978-7-115-18305	21.00 元
制冷设备原理与维修实训	978-7-115-18304	22.00 元
电子电器产品营销实务	978-7-115-18906	22.00 元
电气测量仪表使用实训	978-7-115-18916	21.00 元
单片机基础知识与技能实训	978-7-115-19424	17.00 元
模块式技能实训·中职系列教材（机电类）		
电工电子技术基础	978-7-115-16768	22.00 元
可编程控制器应用基础（第2版）	978-7-115-22187	23.00 元
数学	978-7-115-16163	20.00 元
机械制图	978-7-115-16583	24.00 元
机械制图习题集	978-7-115-16582	17.00 元
AutoCAD 实用教程（第2版）	978-7-115-20729	25.00 元
车工技能实训	978-7-115-16799	20.00 元
数控车床加工技能实训	978-7-115-16283	23.00 元
钳工技能实训	978-7-115-19320	17.00 元
电力拖动与控制技能实训	978-7-115-19123	25.00 元
低压电器及 PLC 技术	978-7-115-19647	22.00 元
S7-200 系列 PLC 应用基础	978-7-115-20855	22.00 元

书　　名	书　　号	定　　价
中职项目教学系列规划教材		
机械基础	978 - 7 - 115 - 24459	21.00 元
电工电子技术基本功	978 - 7 - 115 - 23709	24.00 元
数控车床编程与操作基本功	978 - 7 - 115 - 20589	23.00 元
数控铣削加工技术基本功	978 - 7 - 115 - 23735	24.00 元
气焊与电焊基本功	978 - 7 - 115 - 24105	20.00 元
车工技术基本功	978 - 7 - 115 - 23957	29.00 元
CAD/CAM 软件应用技术基础——CAXA 数控车 2008	978 - 7 - 115 - 24106	25.00 元
电动机与控制技术基本功	978 - 7 - 115 - 24739	18.00 元
钳工技术基本功	978 - 7 - 115 - 24101	26.00 元
数控编程	978 - 7 - 115 - 24331	26.00 元
气动与液压技术基本功	978 - 7 - 115 - 25156	26.00 元
铣工基本功	978 - 7 - 115 - 25315	21.00 元
PLC 控制技术基本功	978 - 7 - 115 - 25440	15.00 元
电路数学（第 2 版）	978 - 7 - 115 - 24761	22.00 元
电子技术基本功	978 - 7 - 115 - 20996	24.00 元
电工技术基本功	978 - 7 - 115 - 20879	21.00 元
单片机应用技术基本功	978 - 7 - 115 - 20591	19.00 元
电热电动器具维修技术基本功	978 - 7 - 115 - 20852	19.00 元
电子线路 CAD 基本功	978 - 7 - 115 - 20813	26.00 元
彩色电视机维修技术基本功	978 - 7 - 115 - 21640	23.00 元
手机维修技术基本功	978 - 7 - 115 - 21702	19.00 元
制冷设备维修技术基本功	978 - 7 - 115 - 21729	24.00 元
变频器与 PLC 应用技术基本功	978 - 7 - 115 - 23140	19.00 元
电子电器产品市场与经营基本功	978 - 7 - 115 - 23795	17.00 元
电动机维修技术基本功	978 - 7 - 115 - 23781	23.00 元
机械常识与钳工技术基本功	978 - 7 - 115 - 23193	25.00 元